V. 2712/E.

25563

RECHERCHES
CHIMIQUES
SUR L'ENCRE

Son altérabilité et les moyens d'y rémédier.

Ouvrage destiné à mettre la Société à l'abri des manœuvres des faussaires, et à rendre nuls les moyens chimiques qu'ils employent sur les écritures.

Par Alex. HALDAT, Docteur en Médecine, Professeur de Physique et de Chimie à Nancy, Secrétaire de la Société Académique de la même ville, membre de celle de Médecine ; Associé correspondant des Sociétés savantes de Douai, Dijon, Montpellier, Strasbourg, etc.

TROISIÈME ÉDITION,
CONSIDÉRABLEMENT AUGMENTÉE.

A PARIS

Chez Amand Kœnig, Libraire,
Quai des Augustins, N.º 31.

Et a Strasbourg
Même maison de commerce, rue du Dôme, N.º 26.

1805

Je poursuivrai le contrefacteur.

A
LA SOCIÉTÉ
ACADÉMIQUE
DES
SCIENCES, LETTRES ET ARTS
DE
NANCY

MESSIEURS ET CHERS COLLÈGUES,

La confiance dont vous m'avez constamment honoré depuis la création de notre Société, me fait un devoir de vous offrir un ouvrage né dans votre sein, et que l'accueil du Public a rendu, peut-être, moins indigne de vous. Dirigé contre les pervers, il a droit de paraître sous les auspices d'un corps composé d'hommes également éclairés et vertueux, où je me plais à trouver des guides et des émules, et où sont réunis les membres d'une école à laquelle je n'oublierai jamais que j'eus l'honneur d'appartenir.

Veuillez donc, Messieurs et chers Collègues, recevoir avec bienveillance ce faible tribut de ma reconnaissance et de mon estime.

ALEXANDRE HALDAT.

INTRODUCTION

Dans le grand nombre d'objets qu'embrasse la chimie, s'il en est peu qui n'aient quelque rapport avec la prospérité de l'état, à raison de l'influence que cette science exerce sur les arts utiles, il n'en est certainement aucun dont l'examen soit plus important et la connaissance d'un intérêt plus général, que celui que j'ai soumis à mes recherches. Les dépositaires de l'autorité des lois et les simples citoyens, le commerçant dont les spéculations embrassent les deux mondes, et le simple agriculteur dont l'influence commerciale est limitée à l'enceinte de son hameau, y sont également intéressés. Il s'agit de la sûreté publique, de la conservation des actes qui lient entr'eux les particuliers, qui établissent les droits respectifs des citoyens, et sur l'intégrité desquels reposent l'état des personnes et le droit de propriété.

L'espèce humaine, comme le dit un poëte de l'antiquité (1), semble vouloir parcourir et

____

(1) Horace, *lib. I, od. 3.*

A

épuiser la série de tous les crimes possibles : chaque jour en voit éclore de nouveaux ; et les arts, ces bienfaiteurs de l'humanité, destinés à rendre les hommes plus heureux et meilleurs, sont souvent employés contre l'humanité même. Le fait suivant, à l'occasion duquel cet écrit fut composé, prouve jusqu'à quel point on peut abuser des connaissances les plus utiles.

Un fripon, qui avait quelques notions de chimie, contracta, en 1801, une obligation pour une somme qu'il avait empruntée. Le terme de l'échéance étant arrivé, il en acquitta une partie seulement, et reçut à compte une quittance avec laquelle il tenta de se libérer du total. Car ayant enlevé, par le moyen de l'acide muriatique oxygéné, le texte de cette quittance, en ne conservant que la signature de celui qui l'avait délivrée, il lui en substitua un nouveau, dans lequel il égala la somme à celle énoncée dans l'obligation qu'il avait contractée. Le créancier ayant voulu se faire payer, il s'éleva une contestation qui força le débiteur à produire la pièce falsifiée. La moralité connue du premier et quelques traits de l'ancienne écriture échappés à l'action de l'acide, firent soupçonner la friponnerie ; mais il fallait la rendre évidente en rétablissant quelque partie du texte détruit. Consulté par un homme de loi qui poursuivait cette affaire, je tentai quelques expériences sur les moyens de régénérer les écritures altérées par l'acide muriatique oxygéné, elles me conduisirent à la recherche des causes de cette altération ; et le sujet, à mesure que je l'examinais, me paraissant de plus en plus important et neuf, je cherchai à connaître les altérations diverses dont les écritures sont susceptibles, les caractères auxquels on peut distinguer ces falsifications dignes d'attirer toute l'animadversion des lois ; je fis quelques essais sur les moyens de convaincre les faussaires, en rétablissant les écritures altérées ou détruites ; enfin, je m'efforçai, par la composition d'une encre indélébile d'opposer à la malveillance un obstacle insurmontable ; ces recherches devinrent les élémens d'un mémoire que je publiai en vendémiaire an XI. L'accueil favorable que cet opuscule reçut des magistrats et des citoyens, qui applaudirent au but que je m'étais proposé, épuisa bientôt la première édition et la réimpression qui parut à Strasbourg avec l'approbation du Ministre de l'intérieur. Le désir que m'ont témoigné plusieurs personnes de le voir reparaître sous une forme qui le rende plus utile au grand nombre des lecteurs,

m'a engagé à en faire , non une nouvelle édition, comme le titre semble l'indiquer , mais
à rassembler dans un petit traité ce qu'il y a
de plus important à connaître sur la conservation des écritures , la fabrication de l'encre , etc.
Mon premier travail était un simple mémoire ,
dans lequel j'exposais le résultat de mes recherches ; celui-ci comprendra encore celles
des chimistes qui m'ont précédé dans cette
carrière. Le seul mérite d'un semblable travail serait d'être utile ; c'est aussi le seul but
que je me propose. Heureux, si le jour ré-
pandu sur cette matière inspire aux méchans
une crainte salutaire , et rend le crime plus
rare en le rendant moins facile.

Considérations générales sur l'écriture.

ARTICLE PREMIER.

L'écriture , cet art sublime , qui a tant influé
sur les progrès de l'esprit humain , considérée
seulement comme art graphique , ou dans
ce qu'elle a de purement méchanique , se di-
vise en deux espèces : l'écriture sculptée et
l'écriture peinte. J'appelle écriture sculptée ou
gravée celle dont les caractères sont formés
par la substance même sur laquelle ils sont
tracés ; soit que ces caractères soient creusés

au-dessous de la surface du plan qui les porte, comme dans les gravures ordinaires ; soit qu'ils fassent saillie au-dessus de ce plan, comme dans les timbres, les planches d'imprimerie, etc. J'appelle écriture peinte, celle qui, tracée avec une liqueur colorée sur un fond solide, s'en distingue seulement par les différences de sa teinte, quelle que soit la couleur de cette liqueur, quelle que soit celle du fond où elle est tracée.

Ces deux procédés ont été employés dans tous les temps ; mais l'écriture sculptée ou gravée a été autrefois beaucoup plus en usage qu'elle ne l'est maintenant ; non-seulement les actes de l'autorité publique ; les lois et les ordonnances se gravaient sur les corps durs (1); mais dans les actes particuliers, dans les correspondances amicales, dans les ouvrages d'esprit, on employait l'écriture gravée (2). Les pierres dures, les marbres, les métaux étaient destinés aux actes publics ou aux inscriptions, comme plus propres à résister aux injures du temps : on se servait, pour les actes et les re-

---

(1) Lettres de Winkelmann sur les découvertes d'Herculanum.

(2) Nouveau Traité de Diplomatique, tom. I, page 443, etc.

lations entre particuliers, des corps moins durs et d'un usage plus commode. Le plomb, à cause de sa mollesse et de sa ductilité, a été employé généralement dès la plus haute antiquité (1) ; on a aussi écrit sur le bois ; mais de toutes les écritures gravées, la plus communément usitée, est celle qui se pratiquait sur des enduits mous supportés par des lames solides. On donnait à ces sortes de fonds le nom de tablettes (*progillares*) Elles étaient faites de petits ais de bois, recouvertes, à ce qu'il paraît, d'un enduit de cire et de résine d'une couleur brune : telles étaient celles conservées à la bibliothèque de Saint-Germain-des-Prés, sur lesquelles se trouvaient écrites les dépenses faites par Philippe-le-Bel dans un de ses voyages en 1301.

L'écriture sculptée se traçait sur les matières dures avec le burin ou le ciseau ; comme cela se fait encore actuellement sur les monumens publics. Elle s'exécutait sur les tablettes avec un stylet, *graphium*, d'argent ou d'acier, dont une extrémité pointue servait à écarter l'enduit, de la même manière à-peu-près que cela se pratique pour la gravure à l'eau forte. L'autre

---

(1) Nouveau Traité de Diplomatique, tom. I, page 449.

extrémité du stylet, pourvue d'un ratissoir et d'un lissoir, servait à effacer ce que l'on avait écrit; soit en raclant, soit en pressant, selon que l'enduit était mou ou dur (1).

Tels étaient les procédés suivis chez les anciens pour l'écriture gravée; nous n'en avons conservé que ce qui est relatif aux inscriptions sur les monumens. Les tablettes, abandonnées depuis le commencement du quatorzième siècle, ont été remplacées par des moyens plus commodes et moins dispendieux. Cependant, quoique les tablettes ayent été fort répandues chez les anciens, l'écriture peinte ne leur était pas inconnue; non-seulement les auteurs s'expliquent très-clairement sur cet usage, mais même il nous reste des manuscrits de cette espèce, dont l'origine remonte à une antiquité fort reculée (2). Les peaux préparées, les membranes desséchées des animaux, le linge, la soie, les feuilles des arbres et les papiers de diverses espèces sont les fonds sur lesquels on a peint l'écriture dans tous les temps; mais les peaux et le papyrus ont été le plus générale-

---

(1) Montfaucon, Paléog. *id.* Antiquité expliquée, planche II, tom. III. Pent. II, liv. V, chap. 7.

(2) Nouveau Traité de Diplomatique, tom. I, pag. 415. Maffei Ist. Diplom.

ment employés. Tous les peuples préparaient des espèces de parchemins, et les Egyptiens fabriquaient pour tous le papyrus, dont ils faisaient un commerce considérable, et dont l'usage n'a été abandonné que depuis l'invention du papier moderne ou papier de chiffon. Ils écrivaient sur ces fonds avec des liqueurs colorées, et le plus ordinairement noires *atramenta*. Ces liqueurs noires ou encres, dont ils distinguaient diverses espèces, étaient en général composées d'un charbon très-atténué, tenu en suspension dans un fluide gommeux et uni à quelque mordant. Le noir obtenu de la combustion des résines, de la poix, des huiles, des graisses; le noir d'ivoire, le charbon végétal même en faisaient la base (1), comme cela est encore en usage pour l'encre de la Chine, au rapport de Duhalde (2). La liqueur noire de la sèche, celle du calmar, unies à l'alun et évaporées au soleil, étaient employées par différens peuples anciens, selon l'opinion de quelques savans ; mais en général l'encre des anciens était beaucoup moins fluide que la nôtre. Si l'on en croit Winkelmann, ils l'appliquaient au pinceau et avec un roseau

---

(1) Dioscoride, lib. V. Cap. ult. Pline, Hist. nat. lib. XXXV. cap. 6.

(2) Hist. de la Chine.

taillé *calamus*, *arundo*, *juncus* ; ils se sont même servis de plumes de métal et de plumes d'oiseau dans les derniers temps (1).

L'écriture gravée, absolument abandonnée chez les peuples modernes, ne nous occupera pas dans ce traité; nos recherches auront pour objet spécial l'écriture peinte, qui consacrée aux actes entre particuliers, aux relations commerciales, doit attirer plus particulièrement notre attention, et être plus efficacement préservée des manœuvres des faussaires.

L'écriture peinte, d'après ce que nous avons dit plus haut, suppose pour son exécution un fond propre à recevoir la matière des caractères et une liqueur pour les tracer; et comme des qualités de ces choses dépend nécessairement la solidité des écritures, nos recherches auront pour but d'en connaître la nature, d'en examiner la solidité et d'en perfectionner les qualités.

Des fonds destinés à recevoir les écritures et de leurs qualités.

Article II.

Les anciens, comme nous l'avons dit, ont employé une multitude de fonds d'espèces très-

---

(1) Traité de Diplomat., pag. 456.

différentes ; les peaux préparées , les membranes desséchées des animaux ; le tissu des végétaux , les feuilles , le liber , diverses étoffes leur
ont servi à tracer l'écriture peinte. Mais la préparation de ces fonds plus ou moins affectés
des imperfections des arts naissans , en rendait
l'usage et la conservation difficile et le prix
trop haut. Ils ont dû , lorsque les arts se sont
perfectionnés , être remplacés par des fonds
plus parfaits. Le parchemin et le papier de
chiffon , qui leur ont été universellement substitués chez les peuples policés depuis le
XIVe. siècle , étant les seuls fonds sur lesquels
on écrive actuellement , seront les seuls dont
nous nous occuperons.

Tout le monde sait que le papier moderne est
un tissu composé de fibres végétales atténuées à
un degré extrême par la macération et l'action
du pilon , et réunies entre elles par leur adhésion
mutuelle et leur intrication , ainsi que par la
colle dont elles sont imprégnées. Le vieux linge
composé de l'écorce du lin ou du chanvre , à
raison des altérations qu'il a subies , offrent
cette substance dans un état d'atténuation favorable au travail du papetier. Le papier qui
en résulte a reçu pour cela le nom de papier
de chiffon. Le parchemin se fabrique ordinairement avec des peaux de mouton , qui , dé-

pouillées par le mégissier de toutes les parties qui pourraient se corrompre, amincies et polies avec un art admirable par le parcheminier, forment des feuilles minces et flexibles et d'une grande solidité.

Ces deux espèces de fonds, infiniment supérieurs à ceux employés par les anciens, doivent, pour réunir les degrés de perfection dont ils sont susceptibles, avoir certaines qualités qu'il est bon d'examiner : une solidité qui en garantisse l'intégrité ; un poli qui permette d'y tracer facilement des caractères ; une blancheur qui les fasse valoir ; mais particulièrement la propriété de s'imprégner assez profondément de la liqueur avec laquelle on trace les caractères, afin que la destruction en devienne plus difficile. Le papier bien préparé réunit un grand nombre de ces avantages : composé d'un tissu, que l'on doit assimiler au corps ligneux : substance que les chimistes s'accordent à considérer comme peu altérable, il a dans ses principes une inaltérabilité suffisante ; mais les alimens du tissu mis entre eux par une force médiocre, ne lui donnent que peu de solidité, de plus par la nature des élémens dont il est composé, il a essentiellement une blancheur capable de faire valoir les caractères, et peut recevoir par l'art un poli qui en rende l'usage

très-commode. Mais le plus grand de ses avantages, qui le rend infiniment précieux pour la
conservation des écritures, c'est la propriété
qu'il a de se pénétrer de l'encre. D'après quoi
le papier le plus parfait serait celui qui, avec
la plus grande solidité, la plus parfaite blancheur, le plus beau poli, aurait encore une
porosité suffisante. Malheureusement ces qualités ne peuvent se trouver réunies au même
degré ; la solidité et le poli ne s'obtiennent à
un haut degré qu'au moyen d'une quantité de
colle plus considérable dont le tissu est impré-
gné, et le papier se pénètre d'autant moins facilement des caractères qu'il est plus collé. Ne
voulant négliger totalement aucune de ces
qualités, on est obligé de prendre un tempé-
rament, de sacrifier un peu de la solidité à une
porosité suffisante.

Les procédés, que les faussaires emploient
pour altérer les écritures, se composent nécessairement de moyens mécaniques et de moyens
chimiques : les moyens mécaniques consistent
à détruire les caractères, en attaquant le fond
sur lequel ils sont tracés, avec quelques instru-
mens, tel que le ratissoir ; les moyens chimiques
consistent à détruire les caractères par quelque réactif, qui, en les enlevant, laisse le fond
dans son intégrité. Les moyens à l'envelopper

dans la fabrication du papier doivent donc pourvoir à ces deux objets. Comme l'action du grattoir et des agens mécaniques en général enlève nécessairement une certaine portion de l'épaisseur de la feuille, il faut ne lui donner que celle strictement nécessaire à la solidité, et la rendre propre à indiquer par la moindre diminution les entreprises du crime; de plus, comme l'action du grattoir est d'autant moins efficace que les caractères ont pénétré plus profondément dans le tissu du papier, il faut favoriser cette pénétration, en lui conservant une parosité suffisante par la proportion modérée de colle, et en le lissant peu. Le papier ne doit pas se laisser pénétrer de part en part comme il arrive à ceux mal fabriqués, mais ce défaut serait bien moins à craindre que le défaut contraire, que l'on peut reprocher aux papiers timbrés; l'espèce qui, destinée aux effets de commerce, est par sa nature exposée à passer entre des mains infidelles, devrait opposer des obstacles plus grands à la perversité, se trouve être précisément celle dans lequel ils sont moindres. Ce papier, est à la vérité mince, comme il doit l'etre; mais étant trop fortement collé et lissé, il se pénètre difficilement de l'encre et manque de l'une des qualités la plus efficace pour conserver les écritures. J'adresse particulièrement ces réflexions à la régie des domaines, qui chargée de fournir aux citoyens le papier destiné à recevoir les actes, doit multiplier les moyens qui peuvent en garantir l'intégrité.

A ces obstacles opposés aux moyens mécaniques employés par les faussaires, j'en ajouterai un sur l'efficacité duquel je compterais beaucoup, s'il était soigneusement observé dans la fabrication du papier. Comme les agens chimiques les plus puissans contre les écritures, sont généralement pris dans la classe des acides, je voudrais que l'on imprégnât le papier d'une substance propre à en indiquer l'action. Les couleurs bleues que les chimistes employent pour reconnaître ces substances, en fournissent un moyen infaillible. Il suffirait de teindre d'un bleu léger l'eau qui fait partie de la pâte du papier, ou même celle qui sert à leur donner du corps. J'avais d'abord pensé aux couleurs bleues végétales; mais leur altérabilité à la lumière me fait préférer le tournesol, dont le prix très-modique ne peut augmenter que très-peu le prix du papier, et lui donner un agrément que l'on recherche quelquefois.

Le parchemin possède aussi plusieurs des qualités que nous avons désirées dans les fonds destinés aux écritures; à une blancheur suffi-

sante, il réunit une flexibilité et une solidité
par laquelle il l'emporte sur le papier; il résiste
mieux aux injures du temps et aux froissemens;
mais comme il ne se pénètre que très-incom-
plètement de l'encre, il lui cède beaucoup relativement à la garantie que celui-ci offre à la
société. Le simple lavage à l'eau suffit pour en
lever les caractères tracés sur parchemin, et
un léger frottement ne manque pas de produire cet effet, quand la macération ne suffit
pas. Cette observation très-simple indique assez
le moyen de rendre au commerce le parchemin
qui a déjà servi, exécutant un travail bien
moins dispendieux que celui proposé pour la
refonte du papier, et dont les avantages seraient
plus grands à cause de la cherté de cette substance. Les procédés employés pour fabriquer
le parchemin, la nature du tissu dont il est
composé, semblent offrir peu de moyens d'augmenter sa porosité et de le rendre plus per-
méable à l'encre. S'il y en a quelques-uns,
c'est dans le perfectionnement de cette liqueur
qu'il faut les chercher; heureusement que ré-
servé pour les actes dont les doubles sont con-
fiés à la garde des notaires, la faible garantie
qu'il offre par lui-même à la société, est ainsi
compensée. Quant aux actes dont la malveillance pourrait avoir intérêt d'altérer le texte,

et qui n'auraient pas une semblable garantie,
je conseillerai toujours de les faire sur papier;
avec la précaution de les préserver de lacération
par des enveloppes appropriées.

Tels sont les préceptes les plus utiles pour le
perfectionnement des fonds destinés aux écritures. Lorsque l'on compare entr'elles l'é-
criture peinte et l'écriture sculptée, relativement à la facilité plus ou moins grande
avec laquelle on pouvait les altérer, on doit
ou admirer la bonne foi qui régnait chez les
anciens ou être effrayé de la multitude de faux
qui devaient se commettre. Car il est facile de
sentir les avantages de l'écriture moderne sur
la leur. Celle-ci tracée dans l'épaisseur d'une
substance molle, que la chaleur, la pression,
ou autres moyens semblables pouvaient altérer,
n'offrait qu'une garantie bien faible aux parties
contractantes. La difficulté d'imiter parfaitement la forme des caractères de tel individu,
opposait seul un obstacle aux faussaires. Mais
combien cette difficulté était légère, en comparaison de celle qui existe chez nous! l'ins-
trument avec lequel les caractères étaient tracés n'étant qu'un stylet acéré, ne pouvait donner ces déliés et ces pleins, qui, placés de tant
de manières différentes par les divers individus,
caractérisent l'écriture plus encore que ne le
fait

fait la forme, la grandeur relative, l'inclinai-
son, l'éloignement et la liaison des lettres.

*De l'encre commune, de sa composition et de
sa nature.*

A R T I C L E   I I I.

On donne en général le nom d'encre aux
liqueurs avec lesquelles on trace l'écriture
peinte. Les manuscrits des siècles qui ont précédé la découverte de l'imprimerie vous en offrent une multitude d'espèces très-différentes
par leurs couleurs; de rouges, de bleues, de
vertes, etc. souvent réunies dans la même page.
Les modernes ont abandonné ces pratiques de
mauvais goût pour n'employer que l'encre
noire, *atramentum*, que j'appelle particulièrement encre commune. Comme cette substance est la matière des écritures, et que c'est
de sa composition que dépend leur solidité,
elle sera l'objet principal de ce traité. J'en
examinerai successivement, la composition, la
nature, les altérations dont elle est susceptible,
et les moyens de la perfectionner.

Quoique l'encre, par la nature de l'usage
auxquels elle est destinée, soit une des préparations chimiques dont l'utilité est la plus re-
connue et l'usage le plus universel ; il en est

peu cependant qui ayent été négligées si long-
temps, et sur laquelle il reste tant de faits à
connaitre. Les chimistes qui se sont particulièrement occupés de sa préparation, s'accordent à y faire entrer l'effusion ou la décoction
de noix de galle, le vitriol verd ou sulfate de fer,
la gomme et le sucre, le tout étendu dans un
véhicule. Mais la nature du véhicule, sa proportion avec les autres substances, la proportion de ces substances sembleraient arbitraires,
si, comparant entre elles les recettes des différens auteurs, on voulait croire à l'exactitude
des expériences sur lesquelles elles doivent
être basées. Lewis qui s'est occupé d'une manière particulière de l'encre, établit la proportion de trois à un entre la noix de galle et le
sulfate de fer. Ribaucourt, qui a repris en 1792
ce travail, et sur les expériences duquel on
doit compter davantage, puisqu'elles ont été
faites à une époque où la chimie perfectionnée
promettait plus de succès, établit la proportion
de 3 à 2 entre la noix de galle et le sulfate
de fer. On sait actuellement que de cette combinaison résulte un sel neutre qui est un gallate de fer; et quoique la nature de ce sel ne
soit pas bien connue, on ne peut douter qu'il
ne résulte, comme tous les produits du même
genre, d'une proportion déterminée entre ses

deux principes constitutifs. Comment est-il donc possible qu'il admette dans sa formation des proportions si différentes. La nature du véhicule et sa dose ne sont pas mieux déterminées, et offrent de semblables incertitudes. Il en est de même de la proportion de la gomme et du sucre. Enfin il y a des auteurs qui font entrer dans leur composition des substances que d'autres proscrivent ou omettent : tels sont le sulfate de cuivre, le bois de campêche, et frappé de ces incertitudes, non moins indignes de l'état actuel de la science que préjudiciables à la société, j'ai résolu d'examiner de nouveau la composition de l'encre, de discuter les questions principales qui tiennent à sa théorie et le travail, fruit de cet examen, est la matière principale de l'augmentation de cette nouvelle édition.

En adoptant la formule qui se composerait de substance indiquée dans le plus grand nombre de celles connues et pratiquées, on trouve l'encre composée de noix de galle, de sulfate de fer, de gomme et d'eau. Or, en appliquant à l'explication de cette composition les principes de la chimie, comme l'a fait M. Orelly dans le journal des *Arts et Manufactures* (1),

---

(1) IVe année, N.° 44.

cette substance si simple en apparence offre une composition assez compliquée, et sur la nature de laquelle il reste plusieurs choses à connaître. Les travaux successifs de Schèle, de Messieurs Deyeux et Seguin nous ayant appris que la noix de galle est composée d'acide gallique; d'une substance extractive et de tanin ; le sulfate de fer avec lequel on la combinait étant composé de fer et d'acide sulfurique ; on conçoit que l'affinité élective de l'acide gallique pour le fer, uni à l'acide sulfurique, détermine une double décomposition dans la noix de galle, dont le tanin et l'extrait devient libre , et dans le sulfate de fer dont l'acide est abandonné; de manière que le véhicule qui contient le sel neutre atramentaire doit contenir aussi de l'extrait, du tanin, de l'acide sulfurique. Mais dans quel état sont ces substances? Sont-elles libres ou combinées? c'est ce qui reste à connaître. Le travail à entreprendre sur la composition de l'encre doit donc avoir pour but de déterminer les substances qui doivent entrer dans sa composition, les doses qu'il convient d'employer, enfin l'état où ces substances se trouvent dans le composé : les qualités désirables dans l'encre sont déterminées par les usages auxquels elle est destinée. Employé à tracer les caractères dont se compose l'écriture au moyen de la plume, il doit avoir une opacité assez grande pour bien contraster avec le blanc du papier, une fluidité suffisante pour suivre et représenter facilement les traits ou mouvemens de la plume; une affinité d'aggrégation suffisante pour le fixer au papier; enfin une inaltérabilité capable de résister aux agens destructeurs; toutes les compositions qui réuniraient ces qualités seraient des encres. Quoiqu'on puisse en tirer de plusieurs substances qui ont quelques-unes de ces propriétés, on n'a cru les trouver dans aucune réunies au même degré que dans les précipités de fer par les astringens. L'encre est donc essentiellement composée d'un précipité de fer par un astringent, tenu en suspension dans l'eau au moyen de la gomme qui la rend visqueuse.

Mais tous les astringens et tous les sels neutres à base de fer sont-ils propres à donner un précipité capable de former une bonne encre? Lewis, Ribaucourt, M. Bertholet ont travaillé à la solution de cette question, et leurs expériences, dont j'ai répété les plus importantes, nous mettent en état de fixer notre choix sur les matériaux essentiels de l'encre. Comme les astringens, en tant que composant l'encre, ne sont dans l'état actuel de la science, que des substances qui contiennent l'acide gallique et peuvent donner lieu à la précipitation du fer par sa combinaison avec cet acide, il semble que tous les astringens puissent être employés indifféremment à sa fabrication; cependant l'expérience nous apprend qu'il ne suffit pas que les corps contiennent l'acide gallique même à certaine dose, mais qu'il est encore nécessaire qu'ils le contiennent dans un certain état. L'écorce de prunellier, les racines de tormentille, de bistorte, les fleurs de grenadier sauvage, les écorces de grenades essayées par Ribaucourt, n'ont données qu'une encre verdâtre. Le sumac, employé avec avantage dans la teinture en noir, précipite aussi le sulfate de fer avec une couleur verdâtre qui l'exclut de sa composition. Dans le grand nombre de substances que l'on a essayé d'employer à la préparation de l'encre, on doit distinguer, selon M. Bunie (1), l'écorce et la sciure de bois de chêne, la noix de galle de pays et les mirobolans citrins qui donnent un noir assez pur : j'ajouterai à toutes ces substances le cachou qui m'a donné avec le sulfate de fer une encre assez noire; cependant quoique quelques-uns de ses substances, telles que la sciure de chêne, le cachou, etc. puissent être employés dans la fabrication de l'encre,

---

(1) Mémoire sur la teinture en noir.

aucune ne remplace parfaitement la noix de galle, qui donne l'encre la plus parfaite, comme elle donne la teinture la plus solide et la plus belle. Toutes les espèces de noix de galle peuvent servir à la composition de l'encre ; mais il faut préférer, ainsi qu'on le fait pour la teinture, celles d'Alep, de Tripoli, de Smyrne, etc. comme contenant l'acide gallique en plus grande quantité sous le même volume. (On employera donc la noix de galle préférablement à tous les autres astringens), mais dans le cas où on ne pourrait se procurer cette substance et où l'on voudrait en fabriquer de l'encre, on aurait recours à ceux que j'ai indiqués, ou particulièrement à la sciure de bois de chêne, que l'on a partout sous la main, et qui, employée à une dose huit à dix fois plus forte, donne une encre d'assez bonne qualité. On pourrait même l'unir à la noix de galle pour diminuer la dépense dans une préparation en grand.

Comme le fer a pour l'acide gallique une affinité supérieure à celle de presque tous les autres acides, on doit en conclure que presque tous les sels neutres à base de ce métal sont propres à la fabrication de l'encre ; on n'en a exclu que les phosphates et oxygéniates de fer. En général l'action de l'acide gallique sur les

substances métalliques est d'autant plus éner-
gique, que les acides ont plus de tendance à
abandonner leur oxygène. Cela s'observe également dans la classe des sels neutres à base de
fer qui donnent des précipités atramentaires
d'autant plus foncés que le métal est plus
chargé d'oxygène, comme M. Proust l'a observé. Les nitrates et muriates de fer n'ont
présenté à Ribaucourt que des encres faibles
et corrosives à raison des acides nitriques et
muriatiques qui deviennent libres et détruisent l'acide gallique. Ces sels neutres m'ont
également paru impropres à former de bonne
encre, quoiqu'ils aient donné des précipités
d'une opacité assez grande, particulièrement le
nitrate de fer. Le phosphate, retranché de la
classe des sels neutres, propre à donner l'encre, a également été précipité en noir par la
décoction de noix de galle, et a donné une encre assez belle. Les carbonates, tartrite, ci-
trate de fer donnent aussi des précipités atramentaires. Le fer même est immédiatement
attaqué par l'acide gallique, sa couleur noire
donnée au bois de chêne par la scie humide et
les recherches des chimistes de Dijon (1) nous
le prouvent. Mais de tous les sels neutres à

---

(1) Élémens de Chimie, tom. III.

base de fer, aucun n'est préférable à l'acétite et au sulfate de ce métal. Le premier employé dans les procédés de la teinture des bois en noir, et dans quelques procédés de la teinture des étoffes, donne une teinte très-foncée, et dont les élémens très-atténués peuvent être facilement tenus en suspension dans un véhicule et faire la base d'une bonne encre.

Le second de ces sels neutres, le sulfate de fer, est cependant celui que l'on emploie ordinairement ; son prix très-modique, la facilité avec laquelle on se le procure, et plus particulièrement encore ses excellentes qualités pour la fabrication de l'encre, le font justement préférer ; mais comme il y a plusieurs espèces de sulfate de fer, à laquelle doit-on donner la préférence ? selon notre principe général, à celle qui contient le plus abondamment l'oxygène ? à celle que l'on nommait autrefois eau-mère du vitriol verd, et que les recherches de M. Proust ont fait nommer sulfate de fer rouge ou sur-oxygéné. On doit l'employer lorsqu'on veut obtenir promptement une encre très-noire ; mais dans les cas ordinaires on peut se contenter du sulfate de fer verd, qui contient toujours un peu de sulfate de fer sur-oxygéné, et qui, d'ailleurs, ayant pour l'oxygène une affinité très-grande, s'en satire facilement en déposant l'encre que l'on a fabriqué dans des vases qui offrent une large surface au contact de l'air atmosphérique.

Les astringens et les sels neutres à base de fer sont les élémens essentiels de l'encre, et sans lesquels on ne peut en obtenir de bonne qualité; mais sont-ils les seuls qui doivent la composer? J'ai annoncé précédemment que les auteurs avaient infiniment varié dans la solution de cette question. Pour ne pas surcharger cet ouvrage de recherches inutiles à notre objet, je me restreindrai à l'examen des substances que le plus grand nombre des auteurs ajoutent au précipité atramentaire, et je parlerai successivement de principes colorans, des substances salines, de la gomme, du sucre et du véhicule ou excipient.

Plusieurs auteurs conseillent d'ajouter au précipité atramentaire quelque substance colorante pour en augmenter l'opacité. Lewis a essayé les sucs de baye, de troëne, des fruits du mûrier, des cerises noires, et s'est arrêté à la décoction de bois de campêche qu'il emploie au lieu d'eau, et à laquelle il attribue la propriété de foncer la couleur de l'encre. J'ai vu de très-belle encre faite sans cet ingrédient, ce qui prouve, contre l'assertion de ce chimiste et celle de Ribaucourt, que les préci-

pités de sulfate de fer, par la noix de galle,
peuvent donner par eux-mêmes le noir, et
qu'ils n'ont pas besoin du principe colorant
du campêche pour obtenir de l'opacité. Ainsi,
à la rigueur, on peut fabriquer de l'encre sans
cette substance; mais s'il n'est pas essentiel,
je le crois avantageux, en ce que le principe
colorant qu'il donne, ajoute à l'opacité du
principe atramentaire. Car la beauté de l'encre
dépend de la quantité de molécules noires con-
tenues dans le même volume de véhicule. Les
molécules colorantes du campêche étant végétales, et par-là même plus légères, plus faciles à tenir en suspension, pourront y être
remises en plus grand nombre, conséquem-
ment en augmenter l'opacité. Pour déterminer
l'effet que produit la décoction de campêche
dans l'encre, je l'ai combinée avec le sulfate
de fer qui lui fait prendre un violet très-foncé.
Le précipité qui en résulte m'a paru léger,
mais moins homogène et infiniment moins atténué que celui du sulfate de fer par la noix de
galle. Ribaucourt qui a fait des recherches sur
la cause de la coloration du bois de campêche
au brun, par le sulfate de fer, en a conclu
qu'il exerce sur ce sel une autre espèce d'action que la noix de galle; ce qui est évident;
car la décoction de ce bois ne précipite pas

la colle forte, comme cela aurait lieu, si elle
contenait l'acide gallique qui accompagne ordinairement ce tanin. Cette coloration est
probablement l'effet de la fixation de l'oxygéné
sur le principe colorant, qui, comme on sait,
brunit généralement les substances végétales
en mettant à nud leur charbon. Les raisons
que nous venons d'exposer nous engagent
donc à conserver la décoction de campêche
dans la composition de l'encre, non qu'elle y
soit essentielle, mais parce qu'elle la perfec-
tionne. Quant à la solidité que les auteurs ont
prétendu lui être ajoutée par cette substance
colorante, elle n'est pas telle qu'ils l'ont an-
noncée. L'expérience m'a prouvé que l'acide
muriatique oxygéné, que j'ai employé comme
la pierre de touche de la solidité de l'encre,
décolorait également celle formée avec la décoction de ce bois et celle qui n'en contenait
pas. Cependant la décoloration de la première
m'a paru exiger un peu plus d'acide et être
moins complète, parce que la liqueur conserve toujours un œil jaunâtre.

La noix de galle, le sulfate de fer, la décoction du campêche n'ont pas paru suffisans
à certains auteurs pour donner à l'encre les
qualités qu'elle doit avoir. Plusieurs y ont
ajouté des sels neutres auxquels ils attribuent

divers effets. Comme ils se trouvent dans plusieurs recettes, j'ai cru devoir en examiner
l'utilité. La première de ces substances est
l'alun, que quelques-uns prescrivent, dans
l'intention de fixer l'encre au papier d'une
manière plus solide. Ils ont sans doute pris
pour guides certains procédés de teinture en
noir, dans lesquels on donne préliminaire-
ment à l'étoffe un pied en quelque couleur
sombre, et qu'on fixe par le moyen de l'alun.
Mais l'application de ce moyen au perfectionnement de l'encre est bien mal conçue; d'a-
bord, parce que l'encre ayant pour le papier
une affinité suffisante pour l'y fixer, l'alun
devient inutile; de plus parce que ce sel qui
contient de l'acide sulphurique en excès altère
la couleur du campêche, le rougit, comme il
arrive aux bois de teinture en noir ou à l'encre dans lesquels on a fait entrer une trop
grande quantité de sulfate de fer. De ces faits,
on doit conclure que l'alun doit être rejeté du
nombre des ingrédiens qui peuvent entrer
dans la composition de l'encre.

Quelques auteurs ont conseillé l'emploi des
sels à base de cuivre concurremment avec le
sulfate de fer. Ribaucourt, qui proscrit impi-
toyablement l'alun, admet le sulfate de cuivre
et lui attribue la propriété de foncer la couleur

de l'encre et d'en assurer la couleur (1) ; propriété, dit-il, des préparations de cuivre, qui
était connue des anciens, et dont ils indi-
quaient l'effet par les mots *coloris alligatio.*
L'application des procédés de la teinture en
noir a encore ici introduit une substance qui
peut avoir de l'influence dans la fixation de la
matière colorante aux étoffes ; mais qui est ici
absolument inutile; car écrire et teindre sont
deux choses essentiellement différentes. Je ne
sais ce qui peut en avoir imposé à Ribaucourt
relativement à l'utilité du sulfate de cuivre
dans l'encre. J'ai examiné de nouveau l'action
de ce sel neutre, et rien n'a pu me convaincre
de son utilité. Le précipité formé par la décoction de noix de galle versé sur le sulfate de
cuivre est olivâtre , floconneux , pesant ; par
l'acide gallique pur, il est d'un verd jaunâtre.
Ce qui me paraît capable d'altérer l'opacité du
précipité atramentaire plutôt que de le rem-
brunir. L'action du sulfate de cuivre sur la
décoction de campêche produit un précipité
d'un rouge brun ; enfin sur les précipités
atramentaires du sulfate de fer et celui du
campêche , il salit la teinte du mélange et
rougit l'encre qui en résulte. Quant à la

---

(1) Annales de Chimie , tom. 16 , pag. 136.

propriété d'assurer la couleur attribuée à ce
sel neutre par Ribaucour, l'expérience m'a convaincu qu'il n'y produit aucun effet. L'encre
dans laquelle il entrait comme composant, et
celle qui n'en contenait pas, ont été également
décolorés par l'acide muriatique oxygéné.

Quelques formules comprennent l'acétite de
cuivre au nombre des élémens de l'encre, et
l'y font entrer avec l'acide gallique, le sulfate
de fer et le bois de campêche. Mais Lewis s'est
assuré que l'opacité qu'il ajoute à l'encre lors
de sa combinaison est de peu de durée ; qu'elle
s'altère bientôt sur le papier et jaunit. J'ai employé les cristaux de Vénus avec la noix de
galle : ils ont donné un précipité marron
fort épais et assez lourd, et qui, par-là, m'a
paru peu propre à faire partie du précipité
atramentaire. Le sulfate de zinc a aussi été placé
au nombre des principes qui peuvent entrer
dans la composition de l'encre. Je ne sais quel
avantage on a pu en attendre. Il est certain
qu'il est décomposé par la noix de galle ; mais
le précipité floconneux, couleur de lie de vin
qu'il donne, et la couleur jaunâtre qu'il prend
avec la décoction de bois de campêche, m'ont
paru également devoir l'éloigner de la composition de l'encre.

Plusieurs des substances dont nous venons

de parler n'ont été employées que par un petit
nombre d'auteurs. Il n'en est pas ainsi de la
gomme et du sucre ; tous prescrivent l'usage de
la première substance, et le plus grand nombre, celui de la seconde. L'effet de la gomme
est de donner à la liqueur une consistance
qu'elle n'aurait pas sans elle, et qui en même
temps qu'elle l'empêche de s'étendre trop sur
le papier et de le pénétrer trop profondément,
tient en suspension les élémens du précipité
atramentaire qui sans ce moyen se précipiterait et laisserait le véhicule totalement déco-
loré; de plus, elle ajoute son action à la force
attractive du précipité atramentaire pour le
fixer au papier et donner du luisant aux caractères. D'après quoi il est évident que cette
substance est un élément essentiel de l'encre,
et sans laquelle il manquerait de quelques-unes
des qualités que l'on doit y trouver. On a généralement prescrit la gomme arabique ; mais
toutes les espèces de gommes y sont également
propres.

L'effet du sucre, selon Ribaucourt, est de
donner à l'encre de la fluidité que la gomme
lui ôterait en partie ; d'autres lui attribuent le
luisant des caractères. Mais ces effets me semblent assez mal déduits des propriétés de cette
substance. On ne voit pas trop en effet com-

ment

ment le sucre qui forme avec l'eau un fluide
visqueux, peut donner à l'encre de la fluidité.
On sait que les écritures luisantes dans lesquelles on force la dose du sucre, ne sont telles
qu'à raison de la quantité de gomme dont on
augmente aussi la quantité. Je serais porté à
croire que l'un des effets du sucre est de s'opposer à l'altération spontanée de l'encre. Mais
ce moyen serait-il suffisant, vu la petitesse de
la dose à laquelle on l'emploie? cela n'est pas
probable : ce qui rend très-problématiques les
avantages procurés à l'encre par le sucre. En
outre ce qui doit engager à être très-modéré
sur son usage, c'est qu'il empêche la dessication
ou la retarde considérablement.

Les principes constitutifs de l'encre, combi-
nés à l'état liquide, doivent demeurer en suspension dans un fluide qui leur serve de véhicule. J'ai déjà dit précédemment que l'on avait
extrêmement varié dans le choix du véhicule;
je dois maintenant déterminer celui qui paraît
le plus convenable, l'eau, les vins blancs et
rouges, la bière, le vinaigre, sont les liqueurs
que l'on a généralement proposées. Quelques
auteurs recommandent l'une d'entr'elles ex-
clusivement, d'autres les emploient indifféremment : il est difficile cependant de penser que
ce choix puisse être indifférent. L'encre devant

avoir une fluidité suffisante pour s'appliquer facilement au papier, s'y fixer solidement ; le fluide qui à ces qualités réunirait celle d'extraire et de dissoudre plus abondamment les principes constitutifs du précipité atramentaire, de dissoudre facilement la gomme, et qui de plus, n'ayant par soi-même aucune espèce d'action sur ces élémens, favorisera davantage leur combinaison, sera le plus propre à en être le véhicule. Toutes ces propriétés, comme le dit Ribaucourt, ne se trouvent réunies dans aucun fluide autant que dans l'eau, qu'il propose d'après ces raisons pour faire partie de l'encre. En effet, si on examine si les autres véhicules proposées, aucun ne réunit toutes les qualités requises ; premièrement le vin, la bière, le vinaigre, sont des fluides dans lesquels l'eau qui en fait la base est déjà chargée de différens principes qu'elle a eu à dissoudre ; et l'on sait que les fluides dissolvent d'autant moins d'une substance donnée, qu'ils sont déjà chargés d'une plus grande masse d'une substance différente. Ils sont donc moins propres que l'eau pure à se charger des principes qui doivent former le précipité atramentaire. Secondement quelques-uns des fluides employés, le vinaigre particulièrement, peuvent agir sur les principes de l'encre ; et l'on observe, en effet, que les

écritures dont l'encre a eu cet acide pour véhicule sont sujètes à jaunir. Le seul avantage
que l'on pouvait attendre de quelques-uns, et
que l'on ne peut trouver dans l'eau, est une
vertu anti-septique, propre à empêcher l'altération spontanée, la moisissure des encres. Mais
l'expérience n'a pas répondu à ce que la théorie
semblait promettre. Les encres fabriquées avec
le vin, le vinaigre et la bière, se corrompent
à-peu-près aussi promptement que celles dont
le véhicule est l'eau pure, si on ne les préserve
de l'altération spontanée. Comme on peut remédier à cette décomposition par des moyens
plus efficaces, et qui ont moins d'inconvéniens,
l'eau doit être préférée à toutes les espèces de
véhicules.

J'ai indiqué les élémens qui doivent composer l'encre. Il me reste à déterminer la proportion respective de ces principes constitutifs.
Les auteurs ont été longtems aussi peu d'accord
entre eux sur cette question que sur celles que
nous avons traitées. Il y en a qui prescrivent
jusqu'à trois parties de noix de galle pour une
de sulfate de fer, d'autres veulent trois parties
de sulfate de fer pour une seule de noix de galle.
Une différence aussi grande, dans des proportions qui doivent être déterminées par l'affinité respective des composans du précipité atra-

mentaire, prouve assez que la nature n'avait pas été convenablement interrogée. Lewis qui parait le premier avoir tenté de déterminer par des expériences soignées la proportion respective des composans de l'encre, a trouvé pour résultat général qu'il y a bien plus d'inconvéniens à forcer la dose du sulfate de fer que celle de la noix de galle, que l'encre qui résulte des proportions excessives de l'un ou l'autre de ces principes n'a pas les qualités qu'on devait en attendre, qu'elle manque de ce noir foncé qui en fait la principale beauté ; mais que celle dans laquelle le sulfate de fer se trouve en excès, s'altère bien plus promptement. Des quantités égales de sulfate de fer et de noix de galle ont donné une encre fort noire d'abord, mais qui, employée, a jauni au soleil : les changemens ont été d'autant plus grands et plus prompts que la quantité du sel neutre a été plus grande. La couleur de celle qui est résultée d'une quantité surabondante de noix de galle a été durable; mais l'encre n'a une opacité parfaite que par la proportion de ces deux principes. De ces faits, Lewis a conclu avec raison que la trop petite quantité de noix de galle est la cause la plus ordinaire de l'altération des écritures, et comme l'excès de cette substance ternit aussi la teinte de l'encre, il pro-

pose d'en ajouter seulement une petite quantité en excès, qui, sans nuire à la couleur, peut
en assurer la solidité.

Ribaucourt rejète l'addition de cette quantité de noix de galle proposée par Lewis, non
seulement comme inutile, mais même comme
nuisible à la couleur qu'il prétend en être at-
térée. En effet, l'acide gallique non combiné
et étendu d'eau comme tous les acides végétaux,
est susceptible de décomposition et peut deve-
nir un ferment capable d'altérer l'encre. Si l'on
ajoute qu'il est impossible d'augmenter la dose
de l'acide gallique sans augmenter aussi celle de
la partie extractive de la noix de galle, son tanin,
et qui sont également susceptibles de décomposition, on aura des raisons suffisantes pour préférer les proportions dans lesquelles il y a saturation des deux élémens du précipité atramentaire. Les recherches faites par Lavoisier,
Vandermonde, Fourcroy et Bertholet sur
les diverses espèces d'astringens et dont le résultat se trouve consigné dans l'art de la teinture de ce dernier (1) me semblent propres à
servir de base, à la détermination des proportions réciproques de l'acide gallique et du sulfate de fer, à raison de l'exactitude du procédé

____

(1) Tome I. page 110.

que ces illustres chimistes ont employé. Ce procédé consiste à épuiser d'abord la noix de galle de son acide, en la faisant bouillir successivement dans plusieurs quantités d'eau égales ; à réunir les liqueurs et ensuite à saturer successivement cette décoction avec de petites quantités de solution de sulfate de fer, jusqu'à ce que l'addition de la plus petite quantité de sulfate de fer, versée dans une petite quantité du précipité étendu d'eau, ne produise aucun changement dans sa couleur. En suivant ce procédé, deux onces de noix de galle ont exigé trois gros soixante et un grains de sulfate de fer, et le précipité résultant de cette combinaison a pesé 7 gros, 24 grains, ce qui donne une proportion très-différente de celle indiquée par Ribaucourt, qui demande à-peu-près quatre parties de noix de galle pour une de sulfate de fer. Cependant il faut dans cette proportion avoir égard à l'espèce de noix de galle que l'on employe ; la quantité de fer devra diminuer à proportion de la quantité d'acide gallique contenu dans l'espèce de noix de galle.

La proportion du bois de campêche à la noix de galle, dans la recette de Ribaucourt, est d'une once 5 gros 24 grains de galle, et une once, 2 gros, 48 grains de campêche. Lewis emploie seulement 5 gros et demi de ce dernier ingrédient contre 3 onces de noix de galle. J'ai observé que l'encre dans laquelle on forçait la dose de campêche, avait une couleur violâtre, c'est pourquoi j'en ai réduit la quantité à moitié de celle de la noix de galle ; quant à sa proportion avec le sulfate de fer par lequel elle est précipitée, le travail des chimistes que j'ai cités nous apprend qu'un gros quarante-huit grains de sulfate de fer suffisent pour saturer la décoction de deux onces de bois de campêche ; ce qui diffère beaucoup des proportions de Ribaucourt qui emploie une demi partie de sulfate de fer pour opérer cette saturation. Je ne crois pas cependant que l'on doive beaucoup s'éloigner des proportions données par M. Bertholet, car la couleur du précipité devient verdâtre par une trop grande quantité de sulfate de fer.

La proportion du véhicule qui doit tenir en suspension le précipité atramentaire, doit être réglée sûr la quantité de ce précipité, c'est-à-dire, des substances qui le fournissent. Une trop grande quantité de véhicule rendant les molécules colorantes trop rares, l'encre devient moins noire, et les caractères sont moins apparens ; une trop grande quantité en rend l'usage difficile en lui ôtant sa fluidité. Douze pintes d'eau pour une de noix de galle, proportion adoptée par Ribaucourt, me paraissent propres à donner à l'encre les qualités qu'elle doit avoir. Les proportions de la gomme et du sucre se règlent sur la quantité du véhicule auquel ils doivent donner la consistance nécessaire. Une once de gomme et deux gros et demi de sucre par pinte d'eau produisent très-bien cet effet. Ce n'est pas qu'on puisse s'en écarter un peu, mais cette proportion admise par Lewis me paraît très-bonne. D'après ce que nous avons dit, les principes composans de l'encre, sont entre eux dans les proportions suivantes, dont l'énoncé pourra servir de recette à ceux qui auront à en fabriquer.

Noix de galle.	1 once,	0 gros
Sulfate de fer.	0	5
Bois de campêche.	$\frac{1}{2}$	0
Gomme.	0	5
Sucre.	0	1
Eau.	12	0

Chaque pinte d'eau dans cette recette contient environ trois onces de noix de galle, une once de sulfate de fer, une once de gomme et trois gros de sucre. Ces proportions, cependant, ne sont pas tellement rigoureuses qu'on ne puisse les modifier d'après les considérations générales établies précédemment; par exemple

une augmentation dans la dose du bois de campêche peut être substituée à une partie de noix
de galle que l'on supprime; mais en général
les proportions que je viens d'indiquer, m'ont
paru préférables pour la perfection de l'encre.

Quant au mode de fabrication, il est facile à
déduire des principes précédens. Il consiste à
faire bouillir la noix de galle concassée et le
bois de campêche pendant une heure, dans le
double du liquide qui doit être employé, à ré-
duire à moitié, à jeter dans la liqueur encore
tiède et passée au tamis de crin ou par un linge,
le sulfate de fer, la gomme et le sucre pulvé-
risés et par petites parties. On agite le liquide
pour faciliter la combinaison; après quoi, la
liqueur étant demeurée en repos pendant quelques jours, on la décante de dessus le dépôt
qui s'est fait au fond du vase, et on la met en
bouteilles.

L'encre fabriquée avec les substances et
selon les règles indiquées, est cependant
sujète à s'altérer spontanément. On la voit
par fois se couvrir de moisissures qui se précipitent lorsqu'on la jette, et donne lieu à un
dépôt qui en vicie la fluidité. Les auteurs qui
se sont occupés de prévenir cette altération,
ont eu recours principalement à l'addition de
substances conservatrices, au moyen desquelles

ils ont cru avoir tout prévu. Les uns ont conseillé de forcer la dose de noix de galle, ou même de projetter dans les bouteilles des noix de galles concassées, qui, s'emparant de l'oxide de fer abandonné, selon eux, par l'acide gallique décomposé, réformeraient de l'encre à mesure qu'elle se décomposerait. D'autres ont conseillé du fer qui devait remplacer celui qui aurait cessé d'être en combinaison. L'un et l'autre moyen me paraît inutile, parceque l'altération de l'encre n'a jamais paru provenir de celle du précipité atramentaire, mais bien de celle de la gomme, qui, lorsqu'elle est dissoute dans une grande quantité d'eau, est sujète à se moisir. Les moyens préservatifs doivent donc avoir pour but sa conservation. La substance la plus propre à remplir cette indication, est, ce me semble, l'esprit de vin, dont la propriété antiseptique est connue. Un vingtième de bonne eau-de-vie, ajoutée à l'encre que l'on a réduite d'une quantité égale me paraît suffisante. Mais il faut encore observer que ce moyen serait insuffisant si l'on n'éloignait en même-temps les causes de l'altération spontanée, en la tenant à une température modérée et uniforme; en la conservant dans des vases propres, bien bouchés et à l'obscurité.

Il ne nous reste maintenant, pour compléter nos recherches sur l'encre commune, qu'à déterminer la nature de cette composition, et à en établir la véritable théorie : cette théorie se déduit des faits précédemment établis. L'acide gallique contenu dans la noix de galle employée, en vertu de son affinité supérieure à celle de l'acide sulfurique pour le fer, s'empare de ce métal avec lequel il forme un sel neutre qui constitue le précipité atramentaire. Ce sel neutre opaque et noir a une saveur qui tient de celle du sulfate de fer, mais qui est moins vive. Il est insoluble dans l'eau, et ne paraît affecter aucune forme déterminée. Décomposable par les substances qui ont avec le fer une affinité supérieure à celle de l'acide gallique pour ce métal, il est susceptible d'une extrême division.

La cause de la coloration du fer en noir par l'acide gallique, ou de la formation du précipité atramentaire, a été expliquée par Berthollet (1), en considérant les astringens comme propres à ramener les oxides de fer saturés d'oxygène à l'état d'oxide noir, par la soustraction d'une partie de celui qu'ils contenaient, et qu'ils opèrent, selon ce chimiste :

______

(1) Elémens de Teinture, tom. I., pag. 130.

à raison de la quantité considérable de charbon qu'ils contiennent. Mais cette explication
est-elle encore admissible après les découvertes
de M. Proust, qui établissent que l'encre est
d'autant plus noire que le sulfate de fer employé contient une plus grande quantité d'oxygène ? et qu'en général les sels neutres, à base
de fer, sont d'autant plus propres à la formation du précipité atramentaire, qu'ils contiennent le fer dans un degré d'oxigénation
plus avancé ? D'après les faits connus du rem-
brunissement des encres et des étoffes teintes
en noir par leur exposition à l'air, il me semble que la supposition du carbone mis à nud
plus complètement par cette espèce de combustion, ne suffit pas pour les expliquer. Lorsque nous savons que l'acide muriatique oxygéné, ajouté, à petite dose, dans les encres
trop peu noires, les brunit subitement, et
qu'il les décolore lorsqu'on en ajoute une plus
grande quantité. La couleur du précipité atramentaire me paraît donc résulter seulement
de la combinaison des élémens qui le composent, comme celle de beaucoup d'autres sels
neutres à base métallique et de couleur différente ; les sulfate, acetate de cuivre, par
exemple.

La combinaison de l'acide gallique avec

l'oxide de fer, dans la formation de l'encre, doit être accompagnée d'une combinaison étrangère à la composition du précipité atramentaire. L'acide sulfurique dégagé de sa combinaison avec le fer par l'acide gallique, rencontrant le tanin séparé de l'acide gallique, doit agir sur ce corps, qui a avec les substances salines beaucoup d'affinité ; il s'y combine, et il en résulte un précipité qui forme le dépôt grossier qui se trouve au fond des vases. Proust nous a appris que le sulfate de fer précipite le tanin en un dépôt floconneux et bleuâtre, coloré peut-être par les molécules atramentaires qu'il entraîne ; ce qui suffirait pour expliquer la nature de ce dépôt. Mais je me suis assuré que l'acide sulfurique, qui doit être rendu libre dans cette combinaison, précipite le tanin. Quelques gouttes de cet acide versées dans une décoction de noix de galle, y forment à l'instant un précipité jaunâtre, lourd et floconneux. Tous les acides ne sont pas également propres à déterminer la précipitation de cette substance, et ceux qui le précipitent ne le sont pas complètement, à ce qu'il paraît. Les acides qui livrent facilement l'oxygène, semblent même favoriser la dissolution du tanin. Dans les encres composées de bois de campêche, le sulfate de fer partage encore son action et donne lieu à une autre combinaison: il forme, avec la partie colorante de ce bois, un précipité violâtre dont j'ai parlé, et que M. Bertholet regarde comme résultant de l'espèce de combustion qu'éprouve le principe végétal, et par lequel son carbone est mis à nud. La gomme et le sucre, qui ne sont qu'en dissolution dans le véhicule, ne donnent lieu à aucune combinaison. D'après cela l'encre se présente comme un composé hétérogène de gallate de fer, de matière colorante mise au fer, de gomme, de sucre, d'un peu de tanin et d'eau qui tient en suspension ou en dissolution tous ces principes.

De l'altérabilité de l'encre, et des moyens par lesquels on peut détruire les écritures.

ARTICLE IV.

J'ai parlé précédemment des moyens mécaniques employés par les faussaires sur les écritures. Ces moyens si puissans contre celle des anciens ont heureusement peu d'efficacité contre l'écriture peinte; mais il n'en est pas ainsi des moyens chimiques. La substance avec laquelle elle est tracée, composée de principes dont l'affinité réciproque peut être détruite

par divers agens , est susceptible d'altération.
Une substance si importante par l'usage auquel on l'emploie , sur la fixité de laquelle reposent la sûreté des personnes et la tranquillité
des familles , semblerait devoir offrir à la société une garantie suffisante dans son inaltérabilité. Cependant il en est peu qui soient aussi
altérables. Faire connaître les altérations dont
elle est susceptible , c'est convaincre le public
de la nécessité d'y remédier , et éclairer les
magistrats sur les ressources de la mauvaise
foi. J'exposerai les altérations qu'éprouve
l'encre par les agens chimiques , soit qu'on
les lui applique à l'état liquide , soit à l'état
concret et lorsqu'elle est fixée au papier.

L'air fonce la couleur de l'encre lorsqu'elle
a été préparée avec le sulfate de fer non complètement oxygéné : ce que M. Proust explique par l'absorption de l'oxygéné , qui fait
passer le sulfate de fer simple à l'état de sulfate
oxygéné , seul propre à donner l'encre , selon
ce chimiste.

L'eau se combine à l'encre en toute proportion et en affaiblit la couleur à mesure qu'on
en ajoute davantage. Lorsque la quantité en
est trop considérable , l'encre est d'une teinte
faible ; mais elle est pénétrante ; lorsque la
quantité en est trop petite la teinte de l'encre

est foncée, mais elle pénètre peu et adhère faiblement au papier.

Les alkalis caustiques donnent à l'encre une couleur brune et rouillée : les terre-alkalines y forment des précipités olivâtres.

La plupart des acides l'altèrent : mais en général cette altération est plus prompte et plus complète par ceux qui livrent facilement leur oxygène. L'acide sulfurique, pour l'altérer, doit être concentré et employé en masse double environ de celle de l'encre. Il la décolore et lui donne un coup-d'œil orangé; si l'on en ajoute un peu plus qu'il n'en faut pour produire cette décoloration, il se forme un nuage brun, causé probablement par la carbonisation de l'acide gallique.

L'acide initrique, concentré à dose égale, décolore l'encre, l'éclaircit et lui donne souvent une couleur fauve que de nouvelles quantités d'acide ne peuvent détruire.

L'acide muriatique a peu d'action sur l'encre et ne la décolore qu'incomplètement, encore faut-il qu'il soit employé en grande dose. Il n'en est pas de même de l'acide muriatique oxygéné; lorsqu'il est bien concentré, une dose assez faible suffit pour la décolorer très-promptement et très-complètement. Le mélange prend une couleur citrine; l'odeur de

l'acide

l'acide s'affaiblit extrêmement ; il acquiert une acidité manifeste et rougit les couleurs bleues végétales , tandis qu'il les décolorait auparavant.

Ce même acide appliqué sous forme gazeuse agit plus énergiquement encore. Le gaz muriatique oxygéné , reçu dans une masse d'encre, la décolore, lui donne de l'acidité et lui enlève sa saveur atramentaire.

L'acide phosphorique liquide la décolore; et dans le nombre des acides végétaux , l'acide oxalique jouit aussi de cette propriété. On voit , d'après le grand nombre d'agens chimiques capables d'altérer cette substance , combien peu on doit compter sur sa fixité. Cependant comme les altérations de l'encre n'ont des rapports prochains avec la sûreté publique, objet spécial de mon travail , qu'autant qu'ils affectent l'encre appliquée au papier, j'examinerai la question sous ce second point de vue.

En général, soit que la combinaison devienne moins facile , soit que l'aggrégation de l'encre au papier affaiblisse l'action des réactifs, l'encre est moins altérable lorsqu'elle est fixée au papier que lorsqu'elle est liquide.

L'air fonce la couleur des encres faibles : seul il ne peut les altérer; mais son action combinée avec celle de l'eau, produit à la longue des altérations dont les vieilles écritures nous montrent les effets.

L'eau seule ne produit aucun effet sur l'écriture desséchée, et tracée avec de l'encre de bonne qualité sur de bon papier ; mais elle détruit celle qui est fraîche, trop épaisse, appliquée à un papier trop collé et surtout au parchemin. On peut faire avec du noir de fumée et de l'eau gommée une liqueur noire avec laquelle on écrit passablement, mais qui n'a nulle solidité et s'enlève facilement ; ce qui ouvre la voie à une espèce particulière de friponnerie contre laquelle il est bon d'être en garde.

L'action combinée de l'air, de l'eau et de la chaleur, produit à la longue des altérations remarquables sur les écritures. Elles se décolorent, jaunissent et disparaissent, même en presque totalité, comme on le peut voir sur les vieux papiers qui ont été exposés à l'humidité. On pare à cet inconvénient en les conservant en lieu sec dans des vases bien clos, tels que des boëtes de plomb.

Les alkalis caustiques ne détruisent pas l'écriture sur le papier, mais ils en favorisent singulièrement la destruction sur le parchemin ; ils lui donnent en général une couleur jaunâtre et un air de vétusté capable d'en imposer sur la date des actes.

Tous les acides propres à détruire l'encre liquide ne peuvent être employés contre l'écriture, par la raison que plusieurs, pour agir sur elle dans l'état de siccité, ont besoin d'être dans un état de concentration et à si grande dose, que le papier ne puisse résister à leur action. L'acide sulfurique est principalement dans ce cas; il le détruit avant l'encre, s'il est concentré; s'il est affaibli d'eau, il n'agit qu'après une immersion long-temps continuée; dans tous les cas il donne au papier une acidité qu'on ne peut lui enlever que très-difficilement et qui l'empêche de recevoir de nouveaux caractères.

L'acide nitrique est beaucoup plus favorable aux fripons; affaibli avec moitié d'eau il est encore assez actif pour détruire complètement les caractères auxquels on l'applique; aussi est-ce de tous les réactifs celui auquel les faussaires ont le plus souvent recours, lorsqu'il s'agit d'altérér quelques portions d'un texte. On peut même, lorsqu'il est suffisamment affaibli, détruire de grandes parties d'un titre en l'y plongeant. Des lotions réitérées peuvent même enlever suffisamment l'acide, pour que le papier se dessèche et reçoive de nouveaux caractères.

L'acide phosphorique liquide, en consistance huileuse, détruit très-bien l'écriture, et conserve au papier une solidité suffisante pour être encore employé ; mais cet acide n'étant pas commun est moins dangereux.

L'acide muriatique et nitro-muriatique même n'offrent que de très-faibles moyens pour altérer les écritures. Ils n'enlèvent qu'incomplètement les caractères et laissent des taches jaunes, difficiles à détruire. Mais l'acide muriatique oxygéné est celui de tous qui offre aux fripons une arme plus sûre et plus dangereuse contre la société. Soit à l'état de gaz, soit à l'état liquide, il détruit promptement et complètement les écritures sur lesquelles il est appliqué. Employé selon le procédé connu pour la restauration des vieilles estampes, il peut enlever à volonté ou une partie ou la totalité d'un texte. Le papier acquiert une blancheur assez grande et uniforme, capable de dissimuler très-bien la fraude. Il y a cependant, pour la réussite de cette opération, plusieurs précautions que n'ignorait pas le fripon contre lequel les recherches furent dirigées dès l'origine, et sur lesquelles je n'insisterai pas dans la crainte de livrer des armes à la malveillance.

Aucune encre moderne ne résiste à l'action de l'agent destructeur que je viens de faire connaître, et la société ne doit être nullement rassurée par les titres pompeux d'incorruptibles, d'indélébiles, que les marchands ne manquent pas de donner à leurs encres. J'en ai essayé de toutes les espèces, et aucune n'est restée intacte; quelques-unes sont cependant plus altérables que d'autres. La teinture de chapelier, dont le peuple fait ordinairement usage, m'a paru l'une des plus altérables.

L'acide oxalique affaiblit aussi les caractères tracés avec l'encre moderne; et probablement on produirait, par l'affinité élective double, mise en jeu entre plusieurs substances, ce que l'on produit ici par l'affinité élective simple; mais j'ai fait peu d'expériences sur ce sujet, les considérant comme moins importantes à l'article de la restauration des écritures, de l'action des prussiates de potasse et de soude sur l'encre et de la propriété qu'ont ces sels neutres de colorer les caractères en bleu.

Des signes auxquels on peut reconnaître les écritures altérées.

Article V.

Si les tentatives des faussaires laissaient après elles aucun signe propre à les faire reconnaître, les gens de bien livrés sans défense, devraient succomber toujours sous leurs efforts. Mais heureusement le crime laisse ordinairement après lui quelques indices qui appellent la peine sur les coupables. Les indices qui décèlent le crime de faux sont nombreux; et il est bien difficile, pour ne pas dire impossible, qu'il ne s'en trouve quelques-uns dans un acte falsifié. Je ne parlerai pas de ceux qui se tirent de l'inspection des caractères substitués et de leur comparaison avec ceux qui restent, ou avec ceux de l'individu dont on a voulu imiter l'écriture. Je ne parlerai ni des signes de l'altération mécanique, ni de toutes les choses qui font la base des expertises atramentaires; elles sont connues et n'appartiennent pas à mon sujet. J'exposerai seulement les caractères propres à distinguer les altérations produites par des moyens chimiques et qui sont bien moins connues, quoique plus importantes.

Les altérations des actes anciens produites par l'influence de l'atmosphère ou de l'humidité longtems continuée, sont faciles à reconnaître et à distinguer de celles que l'art aurait opérées pour leur donner un air de vétusté. Le fond dans le premier cas porte toujours des caractères de son ancienneté. Le papier a ordinairement une teinte jaune ou gris-sale; le parchemin une teinte brune ou jaune que l'on n'imite jamais qu'imparfaitement. Je passe encore sous silence les caractères qui se tirent de la nature du fond, du mode de sa fabrication, des signes et empreintes caractéristiques qui peuvent servir à rétablir la date ou à la rendre suspecte, et qui sont la base de la diplomatique.

La falsification d'un titre par l'eau, ne pouvant avoir lieu que dans le cas où l'encre est de mauvaise qualité et n'adhère que faiblement au papier, doit être facilement soupçonnée pour le parchemin, à cause du peu d'adhésion que l'encre contracte avec cette espèce de fond. Elle ne doit l'être pour le papier que lorsque l'encre des caractères restans est trop épaisse. L'encre de noir de fumée qu'on enlève avec l'eau se reconnaît à la loupe; elle ne forme pas des traits continus comme l'encre ordinaire, mais des points séparés, qui paraissent réunis à l'œil nud : dans tous les cas on rend évidente cette friponnerie en essayant avec l'eau la destruction de quelques-uns des caractères qui restent.

L'air de vétusté donné aux écritures par les alkalis, se reconnaît à la saveur du papier ; son immersion dans une teinture faible de violette peut aussi la rendre sensible.

Les altérations produites par les acides ont des caractères généraux qui appartiennent à cette classe de corps, et des particuliers qui appartiennent à chaque espèce. En général il est difficile d'employer ces substances sans altérer le fond, surtout le papier; il conserve souvent de l'acidité et rougit le bleu de violettes; presque toujours il boit l'encre avec avidité et s'en pénètre plus profondément. Il est même ordinairement impossible d'y tracer de nouveaux caractères avec quelque netteté: il conserve de l'humidité, l'attire, si on le dessèche, devient moins solide et plus fragile; enfin il offre souvent des taches variées en couleur. Les papiers qui ont une teinte bleue, en prennent une rosée dans les environs du point où l'acide a été appliqué; ceux qui ont une teinte rouge se décolorent souvent. Le parchemin se tache aussi; mais en général il est infiniment moins altérable par l'action des acides, et par-là offre encore moins de garantie à la société.

L'acide sulfurique concentré détruit le papier, en amincit certains points et en laisse d'autres intacts : ce qui le fait ressembler à une dentelle; affaibli, il le rend avide d'encre et incapable de recevoir de nouveaux caractères.

L'acide nitrique, affaibli au degré où on l'emploie pour détruire les caractères, jaunit un peu, forme des taches variées et circonscrites. A petite dose, il donne un brun rouge aux nouveaux

caractères que l'on y trace : l'acide phosphorique
les rougit plus fortement encore, mais produit
de moindres taches. Les acides muriatiques et
nitro-muriatiques tachent en jaune et ôtent la
solidité ; enfin tous ces acides ne peuvent être
employés que pour enlever de petites parties
d'un texte, des portions d'un caractère, des caractères entiers et même des mots. Les parties
auxquelles on les applique, étant circonscrites,
on peut, par le moyen du prussiate de potasse,
rendre sensibles les altérations qu'il produirait; en versant avec un tube de verre une goutte
de ce sel dissous dans l'eau pure sur la partie
soupçonnée d'altération, le sel à base de fer,
formé par les divers acides, et que leur action
a incorporé à sa substance décomposée par
l'affinité élective double, du fer pour l'acide prussique et de la potasse pour l'acide employé, est
précipité en bleu; le papier se teint en cette
couleur et offre des taches circonscrites d'une
teinte plus vive vers leurs bords, à cause de la
plus grande quantité de fer que l'acide y a portée.
Ces expériences toujours faciles à faire sont des
moyens certains pour rendre sensible l'action
des acides sur les écritures, et contre lesquels
les précautions des faussaires sont vaines. Cependant pour dissiper toute crainte d'erreur,
il serait bon d'essayer le réactif sur quelque

partie du titre dont l'intégrité fut évidente , afin de la comparer avec celle altérée. La partie intègre n'éprouvant aucun changement ne pourra laisser de doute sur l'altération de l'autre , et si l'on observe quelques-uns des phénomènes dont nous avons parlé.

Les altérations de l'écriture par l'acide muriatique-oxygéné ont aussi des signes caractéristiques, quoiqu'ils soient plus obscurs. Le papier est parfois taché en jaune , et les taches n'en sont pas circonscrites aussi exactement ; il conserve un peu de l'odeur propre à cet acide, s'il n'a pas été bien lavé; il prend une extrême blancheur ; enfin certaines parties acquièrent souvent de la fragilité.

Tels sont les signes nombreux auxquels on peut reconnaître les tentatives des faussaires. Armés de ces moyens, les dépositaires de l'autorité des lois, ne craindront pas d'en voir le glaive impuissant. Mais il ne suffit pas de rendre le crime évident , il est quelquefois nécessaire, tant pour l'entière conviction du coupable que pour la restitution envers la partie lésée , d'en rétablir les anciens caractères ; je vais indiquer les moyens propres à atteindre ce but :

Des moyens de rétablir les écritures altérées ou détruites.

Article VI.

J'ai fait remarquer les avantages de l'écriture peinte sur l'écriture gravée, relativement aux difficultés qu'elles opposent l'une et l'autre à la falsification des actes. Ces avantages sont encore plus grands, si on les considère relativement aux moyens qu'a la société de convaincre les fripons, et de remédier à leurs manœuvres perfides. Dès qu'une main criminelle avait oblitéré par quelques moyens mécaniques les caractères formés aux dépens de la substance du fonds sur lequel ils étaient tracés ; ces caractères, ne laissant aucun vestige de leur existence, ne pouvaient être rétablis, et le coupable échappait à la vengeance des lois, si d'ailleurs il avait assez d'adresse pour imiter parfaitement l'écriture. Il n'en est pas de même chez nous ; le faussaire qui serait parvenu à détruire, sans laisser le moindre indice, la partie d'un texte qu'il a intérêt de changer, et à lui substituer avec une extrême perfection ce qu'il désire, n'aurait pas encore évité la peine ; l'encre moderne quoiqu'imparfaite a cependant l'avantage, dans un grand nombre de cas, de laisser dans l'épaisseur du papier des traces invisibles qui peuvent être resaisies par des moyens chimiques. J'ai fait sur cet objet un très-grand nombre de recherches qui toutes n'ont pas été suivies de succès. Les moyens que j'ai proposés pour restaurer les écritures n'ont pas toute l'efficacité désirable, mais ils suffisent pour rassurer la société et faire trembler les faussaires.

Les altérations des écritures produites par l'influence de l'atmosphère et de l'humidité se réparent au moyen de l'acide gallique ; en plongeant le titre altéré dans une dissolution chaude de cet acide et l'y laissant quelque temps, le fer qui a pénétré le fond, et qui a pris une faible couleur à sa surface, est de nouveau précipité en noir, et le papier, loin d'en être altéré, reprend une nouvelle solidité. Ce moyen, anciennement connu, et auquel j'ai été conduit par la théorie de l'encre, m'a paru très-efficace pour la restauration des vieilles écritures ; mais il a l'inconvénient de colorer le papier et de le brunir. On y remedierait en employant l'acide gallique purifié au lieu de la décoction de noix de galle.

La couleur rouillée, donnée aux écritures par les alkalis, soit sur papier, soit sur parchemin, peut être corrigée par quelque acide étendu d'eau ; l'acide gallique rendu libre, se porte de nouveau sur le fer, et rétablit la couleur. Ce moyen peut même être employé pour distinguer si l'altération est naturelle ou artificielle.

De toutes les altérations que l'on peut faire éprouver aux écritures, les plus difficiles à réparer sont celles qui sont produites par les acides minéraux : on peut toujours rendre leur action évidente, comme je l'ai dit plus haut ; mais il n'est pas possible dans tous les cas de faire revivre les caractères détruits. Cela dépend non seulement du degré d'altération, mais encore de la manière dont on a opéré. Si l'acide appliqué à dose modérée, seulement sur les parties occupées par l'encre, ne s'est pas étendu, ils peuvent être rétablis ; le succès est plus assuré encore, s'il reste quelque trace obscure de leur forme. Mais si l'acide appliqué en très-grande dose s'est étendu et a disséminé au loin les élémens des caractères, la restauration est impossible. Dans tous les cas on se sert du prussiate de potasse qui s'empare de l'acide employé et précipite le fer en bleu de prusse. Pour obtenir cet effet, on verse avec un tube de verre très-mince une goutte de ce sel neutre dissous dans la moindre quantité d'eau possible ; le caractère reparaît avec une couleur plus ou moins foncée, selon que le fer a été plus ou moins disséminé, ou il ne paraît qu'une tache bleue, signe certain de la falsification du texte.

On peut, si le titre altéré n'est pas volumineux, le plonger en entier dans un vase contenant le prussiate de potasse en dissolution. Si l'altération a été produite par l'acide nitrique, comme il arrive fréquemment, la restauration est assez promptement complète; mais si c'est par quelques-uns des autres acides dont nous avons parlé, on est obligé de sur oxygéner le fer, comme dans la fabrication du bleu de prusse, en versant sur les parties altérées un peu d'acide nitrique faible, ou d'acide muriatique oxygéné; lorsque les premières applications ne produisent aucun effet, on les réitère; mais dès que le caractère est lisible, il faut cesser toute tentative, de crainte de tourmenter le papier et de délayer la couleur.

On peut aussi se servir de ce moyen pour colorer en bleu des caractères tracés avec l'encre commune, en les plongeant dans une eau acidulée avec l'acide nitrique, en les faisant passer ensuite dans une dissolution de prussiate de potasse. Ils prennent une belle couleur bleue et semblent avoir été tracés avec une encre de cette couleur. Ce moyen de restauration des écritures indiquée par Blagden (1), doit être considéré comme une des plus efficaces. Manié avec art, il fait au moins connaître la fraude, lors même qu'il est insuffisant pour rétablir les caractères.

L'action de l'acide muriatique oxygéné sur les écritures, que nous avons présentée comme le plus funeste aux intérêts de la société, laisse heureusement à l'art des moyens efficaces pour rétablir les écritures altérées, sur-tout lorsqu'il est employé à l'état de gaz. Non seulement il ne délaye pas l'encre qu'il décolore, et n'en dissémine pas le fer comme les autres acides; mais même il l'incorpore plus fortement au papier; de manière que des lotions réitérées ne peuvent l'enlever au point qu'il n'en reste suffisamment pour que la restauration soit possible. Comme mes recherches furent particulièrement dirigées contre les altérations produites par l'acide muriatique oxygéné, j'ai constaté l'efficacité de quatre moyens propres à y remédier.

Le premier est le calorique : en chauffant avec précaution le titre falsifié, on parvient souvent à en faire reparaître les parties altérées. Quelquefois aussi cette restauration, exigeant une température trop élevée, le papier

---

(1) Journal de Physique, mars 1788.

noircit ; mais les caractères prennent une teinte plus sombre, qui ordinairement les distingue assez du fond. J'observerai cependant que ce moyen est fort imparfait et ne doit être employé que comme accessoire, et jamais sur les écritures qu'on veut conserver.

Le second procédé consiste dans l'application de l'acide gallique liquide, en y plongeant le titre altéré, et l'y laissant pendant 10 à 12 minutes à une température de 40^g à 45^g de Réaumur, les caractères reparaissent : le fer de l'encre fixé au papier ressaisi par l'acide gallique est de nouveau précipité en noir. On peut employer à cet usage la décoction de noix de galle. Mais elle est inférieure à l'acide gallique, comme je l'ai dit.

Le troisième moyen, sur l'efficacité duquel on doit beaucoup compter, est l'action des sulfures alkalins et terreux que j'ai employés fréquemment dans mes recherches. La propriété qu'ils ont de précipiter en noir les dissolutions de fer, les rend propres à faire revivre les caractères altérés par l'acide muriatique oxygéné. En plongeant un titre ainsi altéré dans une dissolution de sulfure de potasse et l'y laissant quelque temps, on fait revivre les caractères par l'affinité double de la potasse

pour

pour l'acide formé et de l'hydrogène sulfuré pour le fer.

On peut encore, à l'aide du prussiate de potasse, restaurer les écritures altérées par l'acide muriatique oxygéné ; on doit opérer par immersion, comme dans les cas précédens ; mais ce moyen est inférieur à ceux indiqués.

La chimie offre donc aux magistrats des moyens auxquels les faussaires ne peuvent échapper. Ces moyens sont simples, à la portée de tout le monde, et ne demandent pour être employés qu'une certaine adresse et une certaine habitude. Ils sont efficaces toutes les fois que les élémens de l'encre n'ont pas été disséminés dans une grande étendue du papier. Mais dans ce cas même ces moyens suffisent pour déceler la friponnerie.

Théorie des altérations de l'encre et de sa restauration.

A R T I C L E   V I I.

Quoique les faits exposés précédemment sur l'altération des écritures et les moyens que nous en avons tirés pour les rétablir, suffisent à la tranquillité publique ; il est cependant important pour les gens de l'art, qui voudraient les perfectionner, de les ramener à des principes généraux et de les rattacher au grand corps de doctrine sur les bases duquel ils reposent. Quelques-uns s'en déduisent facilement, d'autres offrent des problêmes plus difficiles à résoudre ; mais tous s'accordent parfaitement avec les principes connus jusqu'à présent.

L'altération de l'encre par l'influence de l'air atmosphérique et de l'humidité et sa restauration par l'acide gallique s'expliquent facilement, en se rappelant que les acides végétaux sont susceptibles de se décomposer spontanément ; que l'acide gallique comme tel, détruit par l'action combinée de l'air, de l'eau et de la chaleur, laisse sur le papier et dans son épaisseur l'oxide de fer auquel il était uni, et que l'acide gallique resaisit pour former de nouveaux caractères.

Il n'est pas aussi facile d'expliquer les phénomènes que présentent l'action des acides sur l'encre, et sa restauration après cette altération par le moyen de l'acide gallique. Comment concevoir en effet que cet acide qui se laisse enlever le fer par les acides nitriques et muriatiques oxygénés, puisse à son tour le leur enlever ? En versant de l'acide nitrique ou muriatique oxygéné sur de l'encre, on la décolore, et en versant de l'acide gallique dans le mélange, on rétablit la couleur et on réforme de véritable encre. Ces faits très-certains, qui contredisent en apparence la théorie des affinités, et dont l'explication avait échappé à la sagacité du savant M. Deyeux dans son analyse de la noix de galle (1) offraient un problème curieux que j'ai tâché de résoudre.

Comme il est impossible que l'affinité d'un corps A pour un second corps B, une fois supérieure à celle d'un troisième corps C, puisse jamais dans les mêmes circonstances lui être inférieure; il était naturel de son commerce que l'acide gallique, dont la nature végétale annonce assez l'altérabilité, était décomposé dans cette opération et changeait ainsi son degré d'affinité en formant un nouveau composé. Sa conversion en acide oxalique par l'acide nitrique, comme depuis long-tems, s'est présentée pour expliquer ces phénomènes. De l'acide gallique pur, changé en acide oxalique par l'acide nitrique dissous dans l'eau et mis en digestion avec de la limaille de fer, ayant donné un oxalate de fer, dont l'acide gallique a précipité ce métal, a levé la contradiction apparente. Le fer dans ce cas n'est pas enlevé à l'acide nitrique par l'acide gallique, et à l'acide gallique par l'acide nitrique; ce qui contredi-

____

(1) Journal de Physique, année 1793, tome 42.

rait les lois de l'affinité ; mais l'acide gallique changé en acide oxalique par l'acide nitrique forme avec le fer un sel neutre décomposable par l'acide gallique. Cette explication pourra peut-être éclaircir quelques autres faits de ce genre.

L'altération de l'encre par l'acide phosphorique s'est expliquée d'une semblable manière. En général les acides dont le radical tient faiblement à l'oxygéné, livrant par l'affinité élective, ce principe à la base de l'acide gallique, le transforment en acide oxalique. Quant à l'acide sulfurique, il ne paraît guères agir que par la propriété qu'il a de charbonner et de décomposer les substances végétales.

Le changement de l'encre en bleu, et la restauration de l'écriture au moyen du prussiate de potasse, s'expliquent par l'affinité double de la potasse pour l'acide oxalique formé et de l'acide prussique pour le fer. Les recherches de Proust sur les sulfates et prussiates de fer nous apprennent aussi pourquoi dans certain cas, il est nécessaire, pour faire reparaître en bleu les caractères effacés, de traiter le fer fixé au papier par l'acide nitrique ou muriatique oxygéné.

J'avais cru pouvoir employer la même théorie pour expliquer les altérations de l'encre par l'acide muriatique-oxygéné ; mais en exa-

minant la question de plus près, les connaissances acquises sur ce sujet m'ont paru insuf-
fisantes, comme le dit M. Fourcroy dans son
système des Connaissances Chimiques (1), et
j'ai fait de nouvelles recherches. Une décoction très-forte de noix de galle a été soumise à
l'action du gaz muriatique-oxygéné que j'ai
fait passer à travers, pendant deux heures de
suite, par un écoulement continu, après l'avoir
auparavant reçu dans un flacon à deux tubu-
lures, où se trouvent une quantité d'eau suffisante pour retenir l'acide muriatique simple.
Au commencement de l'opération, le liquide
s'est couvert d'écume : il s'est troublé et a laissé
précipiter des flocons bruns, qui, desséchés,
ont offert quelques caractères des résines. Le
liquide s'est ensuite éclairci et a pris une couleur jaune-orangée, assez semblable à celle
de certains vins d'Espagne. Refroidie, la liqueur a conservé la même couleur, a offert
une fluidité visqueuse, une acidité vive, sen-
siblement végétable et reconnaissable pour être
celle de l'acide malique, mêlé d'un peu d'acide
muriatique simple. La théorie de cette opération est facile à établir. L'oxygéné de l'acide
muriatique-oxygéné, porté sur le principe vé-

---

(1) Tome VII, page 183.

gétal, le convertit en acide malique et le ramène
à l'état d'acide muriatique simple, qui, se dissolvant dans le liquide, lui donne la saveur
muriatique.

De la décoction de noix de galle, dont j'a-
vais précipité le tanin par une dissolution de
colle, a offert les mêmes changemens. Enfin
ils ont eu lieu dans une dissolution d'acide gallique purifié, à l'exception de la couleur qui a
été moins sensible. On ne peut douter que l'a-
cide gallique ne soit convertible en acide malique par l'acide muriatique-oxygéné. D'après
cela on explique facilement l'altération de l'encre par cet acide, et sa restauration par les
moyens indiqués. Le gallate de fer changé en
matate de fer, sel neutre soluble et incolore,
disparaît en pénétrant le papier, et reparaît lorsqu'on présente au fer une substance qui, ayant
avec lui plus d'affinité que l'acide malique, est
propre à l'en précipiter ; c'est ainsi que l'acide
gallique ayant plus d'affinité pour le fer que
l'acide malique m'a paru propre à rétablir les
caractères altérés. Cependant pour mettre cette
théorie à l'abri de toute incertitude, j'ai fait
d'autres expériences. J'ai soumis de l'encre à
l'action de l'acide muriatique-oxygéné : elle
s'est décolorée, a pris une teinte orangée et
une saveur muriatique. Lui ayant enlevé l'acide

muriatique par un oxide de plomb, sa saveur
est devenue atramentaire avec un arrière-goût
sucré : les alkalis caustiques sont précipités en
orangé, les sulfures et l'acide gallique en noir,
et le prussiate de potasse en bleu.

De tous ces faits j'ai conclu que la base de
l'encre avait été changée en un nouveau sel
neutre, dissous dans le liquide qui avait d'a-
bord servi de dissolvant à l'encre. Il ne pouvait guère rester de doute que ce sel neutre
ne fût un matate de fer; l'expérience suivante
m'en a convaincu : j'ai mis de la limaille de
fer en digestion dans l'acide malique obtenu des
pommes, et j'ai eu, après une digestion de 24
heures, un sel neutre, qui dissous dans l'eau
a offert les mêmes propriétés. Ce sel a une
saveur atramentaire, un arrière-goût sucré, est très-soluble, rougit par sa combinaison avec les alkalis, et se décompose par
les sulfures, l'acide gallique et le prussiate de
potasse.

Il résulte donc 1.º que les substances végétales fades ne sont pas les seules convertibles
en acide malique, comme on l'a cru assez généralement; mais que le principe astringent
et l'acide gallique sont également susceptibles
de cette modification par l'addition de l'oxygène.

2.º Que l'acide muriatique oxygéné opère cette conversion sans les faire passer à l'état d'acide oxalique.

3.º Que l'encre altérée par l'acide muriatique-oxygéné donne un matate de fer, sel neutre peu connu, que caractérisent la saveur atramentaire sucrée et la propriété de donner une couleur orangée par les alkalis et de l'encre par l'acide gallique.

Dans la restauration de l'encre altérée par l'acide-muriatique-oxygéné, il y a donc un gallate de fer produit par l'acide gallique; par le prussiate de potasse, un prussiate de fer et un matate de potasse; par les sulfures liquides, un hydro-sulfure de fer (1). Il paraît que dans la restauration opérée par la chaleur, la dessication rend le sel neutre visible, comme cela arrive à plusieurs encres sympathiques.

Du perfectionnement de l'encre commune, et des moyens de remédier à son altérabilité.

Article VIII.

J'ai fait connaître dans les articles précédens les moyens dont les fripons peuvent se servir pour altérer les écritures et ceux auxquels on

---

(1) Système des Connaissances Chym. tom. VI p. 173.

peut avoir recours pour les convaincre. Il ne
me reste, pour arriver à mon but, qu'à indiquer les obstacles qu'on pourrait opposer à leurs
manœuvres perfides, en rendant l'encre vrai-
ment indélébile. Cette question, intéressante
pour toute la société, est digne de l'attention
des gens de bien. Peut-être que les conditions
du problême ne sont pas toutes également bien
remplies; je me félicite du moins de l'avoir
tenté avec quelque succès. Il serait doux de
rendre les hommes meilleurs, même en leur
ôtant le pouvoir du crime.

L'altérabilité de l'encre et les funestes con-
séquences qui peuvent en résulter sont avouées
de tout le monde. Une des recherches les plus
importantes sur ce sujet m'a donc paru devoir être celle qui aurait pour but de remédier
à cette dangereuse altérabilité. En réfléchissant
sur sa cause, elle m'a paru dépendre moins
encore du mode de la composition que de la
nature des composans. Pour être inaltérable,
un composé doit être formé non-seulement
de substances qui ayent entre elles la plus forte
affinité, mais encore qui par leur nature soient
inaltérables. Le fer et l'acide gallique ont bien
l'un pour l'autre une affinité des plus fortes;
mais l'acide gallique, à cause de sa nature végétale, est facilement altérable, et la combinai-

son ne change rien à cette altérabilité; de son côté le fer, à cause des degrés très-différens d'oxygénation dont il est susceptible, n'a pas un degré d'affinité assez fine, pour que la composition qui en résulte soit inaltérable. L'encre moderne, en lui supposant donc tous les autres avantages, la modicité du prix, la facilité dans la fabrication, la commodité pour l'usage, est affectée d'un vice radical que rien ne peut compenser, savoir l'altérabilité de ses élémens qui prive la société de la garantie qu'elle a droit d'en attendre.

Pour réunir tous les avantages désirables, l'encre doit donc à la facilité dans la fabrication, à la modicité du prix, à l'opacité la plus grande, joindre une fluidité suffisante et une parfaite inaltérabilité. C'est cette inaltérabilité, objet de recherches fréquentes et jusqu'à présent infructueuses, que je me suis efforcé d'ajouter à l'encre.

On ne peut concevoir possible que de deux manières la solution du problème relatif au perfectionnement de l'encre : ou en rendant inaltérable les principes dont elle est composée, ou en ajoutant à ces principes quelque substance capable de résister aux agens destructeurs. Le premier moyen serait inutilement tenté; car en supposant même le fer rendu inaltérable par un degré extrême d'oxygénation, l'acide gallique, composé de principes dont on peut détruire la combinaison ou changer la proportion par un grand nombre de réactifs, rendrait toujours l'encre altérable. Le second moyen est le seul qui puisse être employé avec succès. En effet, introduire dans le véhicule, qui tient en suspension les molécules atramentaires, des molécules de nature différentes et capables de résister aux agens employés sur les écritures; c'est ajouter à cette substance la solidité qui lui manque. J'avais d'abord agité le projet de chercher une composition différente de celle de l'encre; mais obligé d'employer des matières colorantes végétales, altérables par leur nature et qui d'ailleurs donnent des couleurs infiniment moins opaques que l'encre, j'ai été ramené à choisir les matériaux de l'encre dans les substances qui servent de base aux teintures en noir : les astringens et les sels à base de fer, et à employer le sulfate de fer et la noix de galle. Les résultats de mes recherches et de mes raisonnemens, se sont donc accordés à me procurer l'avantage de conserver la composition de l'encre moderne en lui ajoutant quelque principe inaltérable. Les qualités de ce correctif, d'après ce que nous avons dit, ne sont pas difficiles à déterminer. Outre la fixité, il doit

avoir toutes celles du précipité atramentaire :
opacité, divisibilité, légèreté, afin de conserver
à l'encre toutes les qualités qu'elle doit avoir.

En examinant les diverses substances dans
lesquelles on pouvait trouver toutes ces qualités réunies, aucune ne m'a paru les posséder
au même degré que le charbon : extrêmement
abondant dans la nature, possédant l'opacité
la plus complète; altérable par le seul oxigène et
seulement lorsqu'il est incandescent, il semble
ne lui manquer que la solubilité, mais cette
insolubilité n'est pas inconciliable avec la nature de l'encre. Le précipité atramentaire en
effet, n'est pas dissous dans le liquide qui lui
sert de véhicule; il y est seulement dans un degré extrême de division; et cela est si vrai qu'il
se précipiterait sans la gomme dont la viscosité
en retient les molécules en suspension. La difficulté ne consiste donc qu'à donner au charbon
une division égale à celle qu'a le fer dans l'encre
moderne, pour pouvoir en faire de véritable
encre, comme le pratiquaient les anciens, par
la trituration, la combustion, etc. Leurs encres
faites avec le noir de fumée, le noir d'os, la
liqueur de la sèche et celle du calamar, contenaient de véritable charbon, que son atténuation extrême tenait en suspension dans un
fluide gommeux et auquel on ajoutait quelque

mordant pour le fixer. Tous ces élémens se trouvaient probablement réunis dans la liqueur de la sèche avec laquelle ils préparaient une encre en l'évaporant au soleil; il ne s'agissait que d'y ajouter un anti-septique pour en empêcher l'altération spontanée. L'encre de la Chine, au rapport de Duhalde, se fabrique également avec du noir de fumée; et personne n'ignore que la fausse encre de la Chine ne soit également ment composée de cette substance. Ainsi on ne peut douter que le charbon ne soit propre à servir de matière colorante à l'encre. Les expériences qui suivent non-seulement démontreront la possibilité de faire entrer le charbon dans la composition de l'encre; mais indiqueront encore les moyens de la fabriquer, et sur-tout constateront l'inaltérabilité de l'encre à base de charbon; ou la perfection qu'acquiert celle à laquelle on ajoute cette substance.

Quoique toutes les substances qui contiennent le charbon à nud, puissent entrer dans la composition de l'encre, et lui communiquer l'inaltérabilité, il n'est cependant pas inutile de les choisir. En général, les substances qui le contiennent dans un état d'atténuation plus grand, doivent être préférées. Telles sont les substances animales qui m'ont

paru fournir non seulement le charbon le plus
atténué , mais même celui qui se fixe le mieux
au papier. Dans les essais comparatifs que j'ai
faits des divers charbons , celui que l'on tire
des végétaux , le charbon de bois m'a paru le
moins bon ; après celui-ci je place le noir de
fumée ordinaire , les noires d'os , d'ivoire ; enfin , celui de la fumée des lampes d'huile , et
plus particulièrement celui des lampions de
suif , ont été trouvés les meilleurs. J'ai employé,
pour donner à ces diverses espèces de charbon ,
les moyens pratiqués par les anciens , la trituration et la combustion , mais le premier
moyen est infiniment inférieur au dernier.

Après avoir ainsi constaté en général la
possibilité de fabriquer de l'encre avec les
matières charbonneuses, j'ai comparé les qualités des encres obtenues par diverses espèces
de charbon tenues en suspension dans de l'eau
gommée à laquelle j'ai ajouté un peu d'alun.
Le charbon végétal et le noir de fumée broyés
ont donné une encre avec laquelle il est possible d'écrire , mais qui manque de solidité.
Les noirs d'os et d'ivoire donnent une encre
plus solide et qu'on peut perfectionner par
une longue trituration. Mais de tous les charbons , celui que l'on tire de la fumée des
lampes et des chandelles a paru le plus sem-

blable au précipité atramentaire par sa ténuité
et son opacité, et le plus propre par conséquent
à donner une encre homogène et fluide. Le
procédé pour fabriquer cette encre est simple et commode ; il consiste à recueillir, dans
un vase de terre renversé sur une lampe
d'huile ou un lampion de suif, la fumée qui
s'en élève. L'homme de cabinet qui s'éclaire
dans ses travaux nocturnes avec une lampe ou
une chandelle, peut, en couronnant le rever-
bère que l'on emploie ordinairement, recueillir avec une éponge mouillée une quantité
considérable de ce charbon sans faire un travail exprès. On le délaye avec précaution dans
une certaine quantité d'eau gommée ; on y
ajoute du sucre et de l'alun en poudre ; on
fait chauffer le liquide, et on l'agite pour favoriser l'union de ces substances ; on passe
ensuite la liqueur par un linge très-serré ou
par une peau mince. Cette encre s'applique
fort bien au papier y adhère assez fortement
et le pénètre profondément ; elle ressemble
beaucoup à l'encre de la Chine pour la couleur et a même plus d'homogénéité que celle
du bas prix. J'ai encore essayé de faire entrer
dans la composition de l'encre quelques autres matières charbonneuses; mais le succès n'a
pas répondu à l'espérance que j'avais conçue,

L'indigo recommandé par quelques personnes
pour donner à l'encre de la solidité , et qui ,
d'après l'analyse de Bergmann , contient près
du quart de son poids de charbon non combiné , outre celui qui sert de base à plusieurs
des autres produits qu'on en tire, m'avait paru
propre à faire partie des matériaux de l'encre.
Il acquiert en effet par la porphirisation une ténuité assez grande pour rester en suspension
dans le véhicule gommeux. Il a par sa couleur
assez de ressemblance avec le précipité atramentaire , mais il manque de fixité ; et quoique plus difficilement altérable que l'encre
commune , il ne résiste cependant pas à l'action de l'acide muriatique oxygéné. La suie
broyée , avec laquelle les marchands de couleur préparent le bistre , résiste à cet agent ,
mais elle donne à l'encre une couleur rouille
désagréable. De ces essais et de plusieurs autres que je ne crois pas devoir rapporter ici ,
je conclus qu'il ne suffit pas , pour donner à
l'encre l'inaltérabilité , de faire entrer dans
sa composition des matières charbonneuses ;
mais qu'il faut encore , pour rendre ces matières capables de résister à l'action de l'acide
muriatique oxygéné , que le charbon y soit
en très-grande quantité et qu'il y soit à nud.

Après avoir prouvé en général la possibilité

de

faire entrer le charbon dans la composition
de l'encre, et déterminé les principales qualités
de celle qui a cette substance pour élément, il
était important, et c'était même l'objet principal de cet article, de constater son inaltérabilité. Des expériences nombreuses m'ont convaincu que le charbon lui donne cette qualité.
Soumis à l'action des agens destructeurs les
plus puissans, les alkalis caustiques, les acides
nitriques, phosphoriques, muriatique-oxygéné,
oxalique, elle n'éprouve aucune altération. Un
carré de papier sur lequel j'avais tracé des caractères avec une eau chargée d'encre de la
Chine, est resté plongé plusieurs heures dans
l'acide muriatique oxygéné liquide et à l'état
de gaz, sans éprouver d'altération sensible. L'encre commune de la Chine que l'on trouve dans
le commerce a subi la même épreuve, ainsi que
celle fabriquée avec les noirs de fumée de diverses espèces. Seulement on doit observer que
les encres dans la composition desquelles le
charbon est employé, n'ayant pas acquis une ténuité assez grande, et ne pénétrant pas suffisamment le papier, se laissent délayer par l'acide
et s'affaiblissent. Les faits qui constatent l'inaltérabilité du charbon par les agens qui détruisent l'encre commune, sembleraient établir la
nécessité de ne faire entrer que cette substance

F

dans sa composition pour lui donner une parfaite inaltérabilité. Cependant il m'a paru nécessaire de ne faire entrer cette substance qu'en
partie dans la composition du précipité atramentaire, et de combiner ainsi les élémens de
l'encre moderne et ceux de l'encre des anciens,
pour les corriger l'un par l'autre. Plusieurs raisons rendent cette réunion nécessaire. Les encres de charbon sont inaltérables, elles possè-
dent une assez grande opacité; mais la substance qui leur sert de base, n'étant pas susceptible d'une atténuation aussi grande que celle
du précipité atramentaire commun, elles sont
peu coulantes, pénètrent difficilement le papier et se décolorent par le repos. Il est donc
nécessaire de corriger ces défauts en diminuant,
autant que possible, la quantité du charbon.

Je ne me suis pas contenté de constater l'i-
naltérabilité des encres, dans lesquelles le charbon entre seul; j'ai voulu aussi connaître jusqu'à quel point cette substance, introduite dans
l'encre commune, lui communiquait cette
qualité. Pour cela, j'ai soumis à l'action de l'a-
cide muriatique oxygéné des carrés de papier
sur lesquels j'avais tracé des caractères avec des
encres formées du mélange des deux espèces
d'encres en proportions différentes : d'encre
commune mélée d'encre de la Chine ou de noir

de fumée. En général les caractères tracés ré-
sistent d'autant mieux que la quantité de matière charbonneuse est plus considérable, en
supposant que la fluidité du composé lui ait
permis de pénétrer également le papier. Cette
observation fournit un moyen simple de se
mettre à l'abri du danger de la falsification
d'un acte, lorsque l'on n'a pas d'encre indélébile préparée. Il consiste à faire un mélange
d'encre commune et d'encre de la Chine, ou à
ajouter à la première une certaine quantité de
noir de fumée, en favorisant, autant que possible, son union intime par la trituration.

La quantité de matière charbonneuse, qui
doit être ajoutée à l'encre commune, est facile à déterminer en général; d'après les principes établis, elle doit être suffisante pour la
rendre inaltérable, sans lui ôter la fluidité si
nécessaire à sa perfection. On la lui conserve,
en augmentant la quantité du véhicule, et en
mettant les élémens dans une telle proportion,
que le charbon s'y trouve en quantité suffisante pour lui donner l'inaltérabilité; le précipité atramentaire commun lui conserve
la fluidité et l'homogénéité; enfin la gomme en
quantité suffisante, pour retenir les molécules
charbonneuses en suspension, sans trop augmenter la viscosité. Quoique les proportions

des élémens de cette encre ne soient pas susceptibles d'être déterminées d'une manière
aussi rigoureuse que ceux de l'encre moderne,
j'ai cependant fait quelques essais pour les déterminer d'une manière approximative, et j'ai
obtenu ce que je désirais, en ajoutant à l'encre commune six gros environ de charbon
par pinte, en augmentant le véhicule d'un
quart, et ajoutant une quantité de gomme
proportionnelle à l'augmentation du véhicule,
ou trois gros et demi environ.

Le procédé de fabrication consiste à faire
l'encre commune comme je l'ai indiqué. On
y ajoute ensuite le charbon après l'avoir broyé
avec la gomme et délayé le tout dans l'eau
commune. Enfin on mêle cette liqueur à l'encre ordinaire en agitant fortement le vase
qui la contient. Il faut broyer d'autant plus
exactement que le charbon est moins atténué. Le noir de fumée doit être prophyrisé,
celui de lampe a moins besoin de cette opération, cependant elle est utile pour en favoriser
l'union; dans tous les cas je conseillerais de passer par un linge très-serré, ou même par une
peau mince, la liqueur noire formée avec l'eau,
le noir et la gomme, avant de la mêler à l'encre
commune, afin d'exclure toutes les parties
grossières.

F I N.